矽谷阿雅的 職場不死鳥 蛻變心法

為自己再勇敢一次

鄭雅慈／著

Part 1　職場不死鳥的硬實力 019

12 數據分析力 311

大家都很喜歡說「用數據做決定」，但是一講到數據分析，數學不好的人就會很害怕，覺得那是工程師、理科的人、分析師的工作，事實上，「數據分析」是不管哪個職業都用得到的硬實力。

Part 2　阿雅老師，請問…… 329

後記　出發，你準備好了嗎？ 350

前言

是時候砍掉重練了嗎？

1 年多前，身爲「職涯導師」的我，自己職涯遇到了瓶頸，過去 10 多年，大家以爲我目標很明確，但其實我很少想自己到底想做什麼，我更多是想「怎麼樣可以更好？」而這個「更好」，很多時候是世俗的眼光。

我從台灣的《蘋果日報》記者出發，覺得美國數位好像比台灣先進，來到美國。覺得「行銷」好像比「傳播」更有出路，到美國西北大學念整合行銷傳播碩士。畢業後靠著海投 500 封履歷、陌生聯繫 2,000 個校友、2 個月拜訪人脈，最後做了一本商業計畫，到芝加哥郊區一家小雜誌社毛遂自薦，得到一份數位行銷品牌經理的約聘雇工作，在英文裡，約聘雇 contractor 跟水電零工的 contractor 是同一個字，當時我英文很爛，對方問我要不要當「contractor」，我聽到有工作就點頭，回家上網搜尋也不是很理解對方爲什麼問我要不要當「水電工」，懵懵懂懂，展開在美國的職涯。

之後的職涯發展，雖然當時並不覺得是基於「怎麼樣可以更好？」來找工作，但回頭看，自己其實主要是被這個選擇條件而影響：在媒體公司工作後發現廣告主端的行銷更有發揮空間，所以到了當時美國第四大的零售集團希爾斯百貨工作。發現比行銷更有效的就是數據行銷，因此專精在大數據、個人化行銷。iPhone爆紅之後，大家都在談手機，於是我又轉戰手機部門，當時其實也對「產品經理」工作似懂非懂，只知道「手機電商很紅，進那個部門就對了！」

接著，美國第二大零售集團 Target 來挖角，覺得「第二大比

第四大好」就去了，Target 問我要不要到矽谷開創部門，覺得矽谷比冰天雪地的 Target 總部所在的明尼阿波利斯（Minneapolis）好，就去了。接著麥當勞來挖角，覺得可以做全球的產品，好像比只做美國好，就去了。然後 eBay 來挖角，覺得可以進科技公司，比原本的零售公司好，就去了。接著 Facebook 來挖角，我覺得比 eBay 好，就去了。

　　其實這麼多年，有兩件事情我心裡很清楚，但很少誠實面對自己、仔細想這兩件事。我發現自己很喜歡從 0 到 1 的專案，情況越混亂、挑戰性越高、決定權自由度越高、影響力越大，我就越興奮。我發現自己好像沒有很適合大企業，在階級分明、程序繁瑣的環境下，我並沒有 fit in（合得來），總是覺得「明明這樣好像可以更有效解決問題，為什麼不做？」。但我沒太在意這兩件事，這 15 年來，只是一直很努力地往「更好的」職涯發展。

　　我在 Facebook 了解到，我負責的產品行銷，是以工程為重的軟體公司裡相對不重要的部門，也發現我負責的全球上網計畫，是公司事業體的邊緣角色，雖然自由度高，但影響力低。我轉戰到 Facebook 的電商產品團隊，對的，你現在可以在 Facebook 和 Instagram 上購物，有一部分就是我當時的作品。雖然從 0 到 1 的產品令人興奮，但同時我也發現，在這些大公司裡，決定權、自由度、影響力其實真的很有限，1 年多前，我工作遇到瓶頸，突然之間，我不知道自己下一步要去哪，回頭看看自己過去選擇工作的準則，其實就是大家眼裡的「怎麼樣可以更好？」而已。「更好？」如果說越有名氣的公司、越核心的單位越好，那已經進了科技巨頭的核心團隊，下一步要去哪？對，當然公司裡還有很多階層，可以一階一階慢慢往上爬；對，如果做得不開心可以跳槽去競爭對手 Google、Amazon，但我的職涯難道就這樣了嗎？我到底想要的是什麼？我不知道。因為我從來沒想過這件事啊！

這是第一次，我被強迫想「我到底想要什麼？」一開始，我想要去「更好」的公司工作，Google 比 Facebook 大，我的強項是電商，Amazon 的電商比 Facebook 強，所以「應該」要去 Google、Amazon 這樣的公司。但不知道為什麼，我就是提不起勁啊！我在 Google 面試時，問對方的問題竟然是「你在這麼大的公司工作，真的開心嗎？！」

有天清晨六點多排隊等 Facebook 交通車，我當時是電商部門的產品經理，剛帶領科技團隊把 Facebook 直播購物和社群電商的產品從 0 到 1 建置完成並上線。

旁邊的人也都睡眼惺忪地滑著手機，我和常見到的鄰居 Ivy 打了招呼。

「妳在大企業工作幾年啦？」她問。

我愣了一下，「哇，我都沒注意到已經 10 多年了！」我說。

「那妳以後想做什麼？」她問。

在矽谷，似乎不管幾歲，大家都還是會問你未來想做什麼，畢竟，這邊的人挺有想法的：有同事說要休假一個月，問她要去哪，「我要去競選政治人物」。還有打開音樂應用程式 Spotify，發現上頭的排行榜饒舌歌手竟然是坐在我旁邊的行銷同事。

坦白說，過去幾年在頂尖科技公司，同事優秀，生活精采但也高壓忙碌，光是忙著證明自己，一年出差 200 天在非洲、亞洲、歐洲當空中飛人，就完全沒時間想未來要做些什麼了。

下班後我和同事到公司健身房上瑜伽課，「大家離開公司後都去哪啊？」我問。

「不是去競爭對手 Google，就是去創業吧！畢竟這裡是新創搖籃矽谷啊！」同事說。

創業？我確實有很感興趣的題目，過去幾年，我自己超愛租衣服務，幾乎再也沒買過衣服，所有的衣服都是月費訂閱制租

的，對不善穿搭又不愛逛街的我來說，租衣服務給了我信心，感覺不管是公司簡報、直播、朋友聚會，不管我是不是準備好了，至少看起來體面，就像吃了定心丸。

但，我從來沒想過要創業，家族也沒什麼人創過業，可是我心想：「我是個努力的人，那我去別人的新創公司工作好了！學習一下吧！學會了創業，再來創業！」

我開始跟很多新創公司面試。面試了一圈，創業家每個人都不一樣，但我驚訝地發現，沒有人是「學習完了再來做（創業）」，每個人都是一邊做，一邊學啊！

過程中，我跟當年芝加哥大學 MBA 最好的朋友 Phoebe Tan 提到創業的事情，她是 10 多年前移民到美國的馬來西亞華僑，溫柔、堅定，一頭長髮，又是莎莎舞高手。她是個物流與會計專家，跟我會的專業完全不同，以前在學校上課，我總是坐在第一排，早早到教室吃早餐，她則通常姍姍來遲，但遇到財務作業，我覺得那是天書，她拿起題目，幾分鐘答案就出來。

「我相信衣服租賃訂閱服務可以幫助人，因為我覺得自己這幾年租衣服後變得更有自信了。不管行事曆上是什麼行程，我都很安心，即使心裡覺得沒有準備好，我知道我至少穿著看起來就是有備而來。但，我還是覺得市場上的這些服務不夠好，因為沒有一家是著重在幫助大家達成自己的目標，像是約會、面試、客戶會議等等！」我激動地握著拳說。

「那很好啊，怎麼不做呢？」她一邊泡著茶，溫柔地說。

「我覺得還沒有準備好，我又沒有創過業，也沒有親人創過業啊！我原本想說去別人的新創學習一下再自己創，但卻發現大家好像都是做中學啊！」一向大嗓門的我揮舞著手，在客廳走來走去地說。

「那妳也去做中學啊！妳不是常跟粉絲說要動手做，沒在

怕?」她給我倒完茶,在一旁整理家裡的鮮花說。

「但這個產業好像不是只有科技,我的強項是數位科技和行銷,可是衣服租賃也需要時尚、營運物流等專長。」我喪氣地說,一邊摸著她家的小狗。

「如果妳真的要做,我們就一起吧!我的強項是營運物流啊,而且我可能沒跟妳說過,我家人全是創業家,我小時候的夢想就是當服裝設計師,而且我對幫助環保的循環時尚很有興趣,但因為亞洲教育,我走上了財務的專業。再說,我也很認同妳幫助大家實踐夢想的願景,畢竟我也是白手起家。」她溫柔而堅定地說。

就這樣,我找到了跟我專長互補,但有類似教育背景和理念的商業夥伴。

敢不敢拿下光環,再拚一次?

但我真的要做嗎?創業可不是小決定,一來得放棄企業工作的千萬高薪,二來創業絕大多數都是失敗的,更別說是我這種沒創過業、沒政商關係、沒富有的家人、還完學貸後沒什麼積蓄的人,連矽谷常見的創業基本功「寫程式」也不會。

再說,好不容易才從小螺絲釘累積了實力,終於有了一些大公司經歷,創業可是「砍掉重練」,誰知道這一次會不會成功?

我有兩個選擇,前者是繼續待在像 Google 這樣的科技巨頭,吃免費午餐,慢慢一階一階往上爬;後者是試著創立「下一個Google」。我猜,後者成功的機會是 0.01%。

這時候,你敢不敢坐上時光機,拿下光環,試著再比一次?而且這次,還是一場全新的競賽!

我想,與其一直提當年勇,炫耀我是如何從台灣小記者,到矽谷巨頭當管理階層,我想再拚一次,就算失敗了,至少沒有

遺憾。於是，帶著「砍掉重練」的決心，我決定爲自己再勇敢一次！

與其說渴望成功，我更害怕的是「當初沒盡全力而感到後悔」。

那就創業吧！我決定了。

從跟大家說說你想像的未來開始

你問我怕不怕？我怕死了！不但成功機率跟樂透差不多，而且身爲微網紅，大家還都會知道，你說糗不糗！

但我想，如果我不做，我似乎可以想像我的未來 10 年，就是在這些企業慢慢地往上爬，在不同大小的公司跳槽，爲了更高的薪水、更好的職稱、帶領更大的團隊。這都很棒，但更吸引我的是，去看看那個我從來沒有經歷過的世界，那個眞正的矽谷：新創的搖籃。

決定創業以後，其實我不知道自己要怎麼開始，畢竟眞的沒創過業，雖然以前曾經幫過朋友創業，但通常都是創辦人已經有想法，開始籌備一小段時間後，感覺就搭上順風車，貢獻所長。

好吧，先從寫文件開始好了！反正寫個商業計畫這我會，在企業，也是要常常提案爭取預算的。

寫完了計畫，再來勒？

在我探索自己、決定要不要創業的那段時間，找了很多創業家聊，我發現，在矽谷，創業家都很開放地分享自己的點子，因爲坦白說，在矽谷沒什麼「新點子」——幾乎沒有什麼點子是沒有人想過的。

過程中我剛好有機會跟美國未來學家、《也許你該跟未來學家談談》的作者 Brian David Johnson 聊，大家都很好奇未來學家怎麼預測未來，還有我們該怎麼用預測未來的方式做職涯規畫，

他說：「從跟大家說說你想像的未來是什麼開始吧！接著，想想生活中有誰可以推動你前往想像的未來？跟他們談談吧！」

我想，好，那就來說說我的商業計畫吧！我開始跟大家分享，沒想到，陸續有朋友、粉絲跟我聯繫，說認同我的理念，想要幫忙，在過程中學習。每個人想學的都不一樣，從產品管理、數據分析、行銷、練習英文、了解美國公司的運作等都有。甚至有朋友、粉絲送我服裝配件、電子產品，讓我之後可以送給客人。

就這樣，突然，我們有了約 10 人的兼職及義務團隊，「頭就洗下去」，真的開始了！

答案往往比你想像的簡單

接著，我想，有誰可以推動我前往想像的未來？因為不知道怎麼創業，我開始跟新創圈的前輩們討教，我問了創投詹益鑑，他推薦我到矽谷知名加速器 500 Global 擔任導師，邊教邊學，一邊兼職教數位產品管理、行銷等專業，一邊跟其他創業家學創業。

我輔導的其中一個團隊 Invidica 是專門給亞馬遜賣家買商品的平台。是由一群年輕的非裔美國人創辦的，該公司說是平台，其實連網站都沒有，但 1 個月卻有高達 50 萬美元的成交量，怎麼可能？！

我第一次跟創辦人 Sean Bovell 聊的時候，他遲到了 10 幾分鐘，在一個看起來像是沒開燈的地下室，我問他有什麼計畫文件，他開始熱情地闡述自己的願景，但我不太了解，因為沒什麼組織架構，也完全沒有文件，我感到疑惑，心想：「這樣一個亂七八糟的團隊也能進一流加速器？！」

會議結束前，他們問我有什麼建議，我建議他們做個簡單的行銷網頁介紹自己的公司，讓潛在客戶能認識他們。我心想，還得教他們怎麼做產品管理，看來需要好幾個月才能上線。

　　1 週後，Sean 開會又遲到，也沒有準備議程，我正想說這個團隊看來需要不少幫助時，他說：「上次妳說那個網站，我們做好了、上線了，妳有什麼建議嗎？」

　　「怎麼這麼快！你們內部又沒有設計師，怎麼做的？」

　　「喔，我們就去外包網站，花了幾百塊美元，設計師給了設計，這兩天我們就建出來了！妳的意見很好，昨天拿給潛在客戶看，果然省了我們不少解說時間。」

　　雖然我一看網站，確實是缺乏策略，不少地方講不清楚公司到底在做什麼，但這樣的速度、立刻得到消費者的眞實反饋，遠遠打趴花 2、3 個月在做計畫，做個稍微比較好的網站來得有影響力。

　　「對了，你們連網站都沒有，怎麼有這麼多客人啊？」

　　「我就在亞馬遜寫信給他們啊，一個一個聊，所以我非常清楚他們的需求，根據他們的具體需求，我們現在逐一建這些功能。」

　　我頓時突然懂了，爲什麼一個表面看似「亂糟糟」的新創公司，每月有高達 50 萬美元的成交量，還是矽谷頂尖加速器的火紅團隊，因爲他們是貨眞價實的 hustler 啊！

　　第一次學到 hustler 這個字，是我在 Facebook 工作的時候，當時我負責全球上網計畫裡網路科技的行銷，當我們到印度和非洲研究會買網路的用戶時，研究公司用 hustler 做爲標題，他說那邊的人通常有好幾份工作，像是我在當地的奈及利亞籍保鑣 Omor Steve，除了在保全公司工作，自己有個演唱會平台的 App，同時還在代理香檳酒。（他說奈及利亞人是世界是最愛香檳的民族之一！）

　　我當時有點驚訝，因爲查了一下 hustler 有很多負面的意思，像是騙子、皮條客等，但問了美國同事，才知道，hustler 在滿是創業家的矽谷，是個好字，因爲 hustler 指的是下定決心要成功、爲了目標使命必達、不怕動手做的人。

　　這給了我很深的反思，我想起來，很多讀者特別崇拜一些

「大字」，什麼 Lean Startup、敏捷開發、Scrum、數位轉型、大數據、OKR、某某水果名稱的時間管理法等，恨不得把每個流行的專有名詞都背起來，好像了解字彙就修行完畢一樣。

相反的，我在 Facebook 工作時發現，大部分的工程師根本沒聽過「敏捷開發」或是 OKR，但其實他們每天在做的事情，就完全符合這些方法論的精髓，像是 Lean Startup、敏捷開發的步驟之一，就是用最少的資源，驗證一些重要的假設。

我開始著手研究我們的競爭對手，然後做行銷頁面，做好了行銷頁面，但沒有人知道這個頁面，要去哪裡問大家要不要加入預購？還有，需要多訪問一些消費者啊，但要去哪裡找美國的男性，特別是我的朋友圈以外的人？我看到有幾個科技展，心想，科技展太好了，大多是忙碌又喜歡新鮮事物的男性，跟我們的目標對象符合！

我問主辦單位能不能讓我幫忙他們做行銷，交換給我們幾張票。就這樣，人家是去展會賣東西，我帶著幾個義工，靠著 3 天展會做研究調查，訪問了上百個潛在消費者。接著，我們又參加了另外幾個展會，頓時，我們有了幾百個預購等待名單了！

轉眼，聖誕節到了，年底總是大家回顧的時間，我看著還沒上線的服務，雖然知道才沒幾個月，但心裡有些惆悵，畢竟，奮鬥的這條漫漫長路，有時候也不知道自己到底進步了多少，終點到底還有多遠。

聖誕節前幾週，我收到一封信，寄件人說自己叫 Michael，是住在加州的房地產仲介，他覺得我們的服務很酷，已經加入預購名單，但希望可以優先試用。

我想，一定是詐騙吧！這年頭哪有人這麼積極？我沒理他。

平安夜前一天，電話響起，平常我是不接電話的，畢竟，這年頭，會打電話來的不是詐騙就是校友會問我要不要捐錢，但我

剛好接了起來。

「妳好，我是 Michael，之前有寫信給妳，我已經加入 Taelor 的預購名單，請問什麼時候可以開始試用？」他說。

「啊？你怎麼有我的電話？」我一頭霧水，因為公司網站上是沒有電話的！我想，詐騙也太強了！

「喔！我在領英上加妳好友，妳有接受，上頭有電話。我特別喜歡這件藍色襯衫……」他開始跟我敘述自己要租的衣服樣式。

當時，我們根本還沒有品牌合作商，連網站結帳功能都還沒做好。於是我們趁著聖誕節，採購了一堆衣服，就這樣，寄出了盒子給第一個客人。

我想起在 Facebook 工作的經驗：有一次，我的團隊做了一個印度的行銷計畫，要推廣無線網路，我們整理了品牌設計規範，做了漂亮的看板，給每家手機行都換上華麗的招牌，上頭有著大大的 logo。然後得意地飛到印度，準備驗收並且慶功！

實地走訪合作的手機行，招牌果然看起來專業又高級！小店就在一個菜市場裡，旁邊有牛走來走去，路邊還有在黃土路上大鍋炒飯的攤販。

「上次給你們換的新招牌，還有一系列的行銷活動，對生意有沒有幫助啊？」我用準備接受稱讚的心態問。

「喔，還可以啦，不過我們最需要的是這個……」手機行老闆是個有小鬍子的中年男子，指著牆上手寫的白紙。

牆上一堆泛黃、有污漬的白紙，上頭密密麻麻手寫著看起來亂糟糟的價錢。

「因為網路競爭激烈，消費者近來只在乎網速和價錢，沒人看漂亮招牌，只需要手寫的價錢表就好了！」老闆說。

頓時我和我們的廣告公司巴不得鑽到地底，我們想得太複雜了！我們會把不知道的事情想得很難，害怕做一些看似很「不

酷」的事情，但其實，我們只需要當個 hustler！

過去 10 多年在大公司工作學到的「硬實力」

開始創業後，才發現，這次再出發，並不是從零開始，過去 10 多年在大公司學到的「硬實力」一一都派上了用場。因為創業後工作時間比較彈性，我也接受了美國西北大學的邀請，在商學院、傳播學院、理工學院、法學院教授軟體產品管理、行銷、職涯發展等課程，還有不少企業演講和授課邀約，過程中，我發現這些我在大公司學到的實力，原來不只是創業的自己、不只是科技公司的小主管，在各行各業、職涯不同階段的人都受到好評，特別是那些有點迷惘，想在職涯上再進一步、轉職、學習新東西、還在為夢想奮鬥的人。

因此，和出版社討論後，決定以職場會用到的 12 項硬實力為主軸，以我過去在矽谷頂尖公司的親身經驗，包括創建 Facebook 電商的產品管理及策略，推動 Facebook 全球上網計畫的產品行銷和簡報能力，在 eBay 帶領科技、數據、行銷團隊的部門產品長領導經驗、解決跟不同國家團隊衝突的學習，在麥當勞跟全球不同文化團隊的溝通，在美國第二大零售集團 Target 了解用戶、做年度最佳電商 App 的經驗，在 Facebook 和希爾斯、Kmart 百貨做數據分析的經驗等，還有我觀察到這些大公司主管的領導方法，帶出實用的技能、知識和心法，同時結合我在名校教書的精華內容，把實務經驗用系統性的架構做整理，讓你更能應用在自己的情境下。

硬實力 1、2 我會談「溝通力」和「衝突因應力」，因為在辦公室，就是得跟同事溝通，還有跟同事吵架可以吵贏，啊！不是啦，是假裝吵輸，但其實吵贏，喂！沒有啦！是怎樣可以化解衝突，讓意見充分表達，讓專案達成共識，繼續推進。接著我會談

「簡報力」「向上管理力」，因為跟同事、主管簡報，說明自己的企畫、展現自己的貢獻，才能拿到預算、得到升遷。簡報真的不需要有驚人的動畫，完全沒有設計，也可以很有力，像看劇一樣令人著迷，我從過去幾個麥肯錫出身的老闆學到的，全部分享給你。

　　當然，成功不可能只靠自己，隨著職涯的成長，不論是不是有直屬員工，一定有機會領導他人、專案、廠商，在硬實力 5，我會分享自己和過去這些頂尖公司主管們的「領導力」訣竅。單靠人緣好、員工愛、老闆挺，也是沒用，終究還是得有所產出，很多人覺得我是不怕失敗的拚命三郎，所以我會談如何展現「不怕手髒、不怕失敗」的意志力、行動力，還有怎樣在很有限的資源下創造影響力。

　　書的後半段，硬實力 7 到 12，我會帶你一步步做出矽谷巨頭等級的策略、產品、行銷、數據分析。我會從「思考力」開始，分析 Facebook 怎麼雇用能獨立思考的人，還有他們訓練員工思考以找出解決方法的方式。接著我會談「讀顧客心的能力」，因為不管做什麼，都得從了解顧客、客戶、聽眾開始，但我們又不通靈，所以有效率、快速了解他們的需求是第一步。接著我會帶你用美國名校商管學院的視野，了解如何培養「策略力」，我不打高空，除了給你策略理論和架構，我會用我實際在 Facebook、Target 做策略的實戰經驗來解析。

　　然後我們就快速進入如何解決問題的「產品力」，我是這方面的專家，得過 10 幾個產品大獎，我會一步步帶你看矽谷頂尖公司怎樣做 App、做網站，內容雖然主要以數位產品為主，但多數也可以應用在實體產品上。身為世界行銷名校西北大學的行銷老師，我也不藏私，分享「行銷力」，到底頂尖的行銷人跟一般人想的有什麼不一樣？行銷不只是跟網紅合作、找小編做圖，品牌背

後的魔力其實可以用科學的方法解開。當然，做策略、做產品、做行銷都需要數據，數據分析師出身的我，會告訴你 Facebook 用數據做決定的方法，還有零售公司用數據創造業績的步驟。

寫完了 12 項硬實力，我已經累翻去看韓劇了，不是啦！出版社編輯太認真，又要我寫寫粉絲最常問的一些問題和我的答案，所以我會解答：如果想找工作，但是經驗或能力不足怎麼辦？遇到不順時，怎麼應對？面對情緒低潮如何保持動力？如何紓解壓力？怎麼跟別人培養關係？最後我會分享幾個我問自己的問題，像是「年紀越來越大，面對職場，要有什麼樣的心態調整？」「覺得很迷惘怎麼辦？」等。

寫完這本書，突然覺得有點捨不得，因為我的職涯成功祕訣都告訴你了！沒關係，我這次再出發，很快又會有新的學習。希望能幫助到你！有問題、想談心，或者只是想要阿雅老師碎念你一下，不要客氣，在 Facebook、Instagram 等粉專傳訊息給我喔！

與阿雅保持聯繫

- 有職涯問題、想要履歷範例？臉書「矽谷阿雅」粉專跟阿雅聯繫：facebook.com/AnyaChengSanFrancisco
- 跟阿雅一起做新創？申請 Taelor 職缺：tinyurl.com/taelorcareer 或 CakeResume
- 了解矽谷生活？追蹤阿雅 IG：instagram.com/anyacheng0908/
- 缺人脈？加阿雅領英，看阿雅認識哪些人可以介紹給你： linkedin.com/in/anyacheng
- 還想看其他文章？追蹤阿雅部落格：medium.com/@anyacheng
- 想跟其他追夢的人分享切磋？①臉書「慌世代拓荒時代」群組：facebook.com/groups/165581641033912， 以 及 ② Discord 頻 道：https://discord.gg/j99HjpNzvm
- 其他？寫信給阿雅：anyaytcheng@gmail.com

Part 1

職場不死鳥的硬實力

1

溝通力

　　我在美國第二大零售集團 Target 工作的時候，有個帶領電商團隊的老闆 Brad Lucas，他很專業，有多年帶領大型工程團隊的經驗。我比他早一個月進公司，所以他雖然是我的直屬長官，卻沒有面試我。我剛上任的時候，他跟我一個在 Target 工作多年的同事走得很近，有次他告訴我：「像妳這樣的位子，一般都是工程師背景的人來當。」因此我一直覺得自己不是他的愛將，只是他不得已接收下來的「孤兒」。

　　他快要離職前，我在一個場合裡跟他說：「雖然知道你一直都不喜歡我，但我還是很尊敬你。」

　　他望著我一臉茫然，然後說：「啊？妳在說什麼？」

　　我好委屈地唏哩嘩啦哭著說自己的感受，他一臉錯愕地說：「很多產品主管確實以前都是工程師。我跟同事走得近，是因為我也是新人，想跟他多學習。我一直覺得妳的工作表現很好，妳真的想太多了！妳有這個想法多久啦？怎麼現在才跟我說！」

　　我破涕為笑，突然覺得自己很蠢。

停止內心小劇場，分享自己的感受

剛開始工作的時候，我常會暗想：

「我很想做那件事情，老闆怎麼不交給我？」

「這件事情我覺得很難，老闆怎麼不幫我？」

「這件事情很無聊，我不想再做了，同事幹麼一直叫我做啊？」

「他開會都沒說這件事，應該是覺得不重要吧？」

「他吃飯沒約我，應該是討厭我？」

後來我學到，大多數時候，都是自己在小世界裡演戲，其實對方根本就不知道你想做哪件事、不想做哪件事、有何感受，甚至你認爲「他覺得這樣」，都是自己在亂想！

很多時候，人做某個決定都只是因爲「剛好」：老闆沒指派你做某件事，可能只是因爲剛好另一個人在茶水間遇到老闆；老闆沒幫你某件事，可能是因爲你看起來很上手；同事吃飯沒約你，可能是忘了，或是怕你拒絕他；同事一直要你做一樣的事，可能是以爲你很愛做那件事。而且，每個人在意的事情不一樣，對方在意的可能是大家都覺得做的事情很有挑戰，所以一直思考怎樣才能讓大家都學新的東西；但你可能在意的是把事情做好，所以希望把過去做的事情更加精進。

就好像有支廣告的內容，是兩個國家的文化不同，一個

是吃飯見底表示已經飽了，一個是吃飯見底表示還要再吃。後來有個人不想吃了，但就一直吃得精光，結果對方以為他沒吃飽，一直送來更多的飯。這種時候與其暗示，不如明白講清楚！

工作幾年後，我比較懂得分享自己的感受，但也學著先試想對方的立場，舉例來說，如果我準備跟老闆說「我想做同事那件工作」，會事先思考一下老闆或同事會怎麼想，比如他可能擔心我做不來，那我會先問一下同事，跟老闆說：「這個案子我覺得我可以，但唯有這一小部分可能需要○○○的協助，我事先問過他了，他說很有興趣幫忙。」

此外，我也會學著找解決方案，而不是把問題丟給別人，像是如果我建議「年底到了，覺得團隊可以一起去做義工服務」，那我也會一併找好可以做義工、適合團隊的活動和預算，而不是把更多的工作或問題丟給老闆。

溝通力不只在工作，也在生活的每個角落。

說一個我朋友 Mo 的故事，他是埃及人，在埃及，多數的人是虔誠的回教徒，不只每天禱告，還不喝酒、不慶祝生日（因為唯一可以慶祝的是神）、不跟不同宗教的人通婚。他 20 年前搬到矽谷，近年早就不遵循傳統，也和非回教徒交往，但他一直記得，爸媽都是虔誠教徒，他嚴肅地跟我說：「如果我爸媽知道我不禱告，偶爾喝酒，而且還交了一個非回教徒的女朋友，他們會跟我斷絕血緣關係的！」

因此，他一直都活在兩個世界裡，跟家人聚會時，他是那個傳統的教徒，跟朋友在一起時，他又像是一般美國人。

終於，40 多歲的他，在爸媽於疫情期間到美國打疫苗時，鼓起勇氣向他們公開這 20 年的祕密。沒想到，他們竟然對他說：「我們也不是當年那樣的極端教徒了！」還興高采烈地約他女友一起吃飯。我想，他爸媽知道 40 多歲的他其實有個對象、有人彼此照顧，應該開心得不得了！唉呀，10 多年來，他們彼此都以爲對方不能接受的事情，其實都是自己內心的小劇場啊！

　　要停止小劇場其實並不容易，所以你得經常提醒自己，像是最近在爲我的人工智慧男裝租賃平台 Taelor 招募科技、營運、行銷、財務團隊，我在粉專上貼文，結果幾天過去了，只收到一封履歷，我心想：「唉！以前在 Facebook、eBay 等大公司，履歷都是上千封，果然沒有了大公司光環，什麼也沒有！」我因此難過了幾天。後來，我跟客服部門的同事開會，她說：「阿雅，妳那些招募的履歷，可以請他們寄到另一個公司信箱嗎？好幾百封，我擔心會漏看顧客的來信。」啊！原來我貼文時寫錯了信箱網址！收到的唯一一封履歷是粉絲私下跟我求職，我傳訊息給他的。所以，小劇場會一直出現，你不能只當演員，要當自己的導演，決定劇本！

初來乍到，千萬別踩的 5 個地雷

　　我一向鼓勵大家轉換跑道，因爲我相信改變總能帶來新的學習，但我也知道，剛到新環境的時候最辛苦，不僅

得了解業務，還得適應新同事、新文化，特別容易出現溝通障礙，而且大家都知道，萬事起頭難、好的開始是成功的一半，雖然我不能幫助你加快閱讀公司文件的速度，但讓我來點出 5 個常見的新人地雷，踩下去之前張大眼，快閃開！

地雷 1：得罪辛苦把公司帶到當前里程碑的同事

這是我親眼目睹的故事，莫尼卡（化名）是新來的行銷長，新官上任三把火，有不少經驗的她一到公司，就從品牌的建置、活動的執行到網站的設計點出滿滿的錯誤。

莫尼卡接著開始大刀闊斧改變，她找來了電商部門的副總開會，「行銷要有效，需要新的活動頁面，麻煩你幫忙。」莫尼卡說。

「上次妳跟總經理報告，不是說我們做的網頁醜又難用，看起來像大學生做的嗎？總經理還因此砍了我們的預算，最近人力吃緊，不好意思幫不上忙。」電商副總語帶諷刺地一口回絕。

莫尼卡接著找來分析團隊，也是類似的反應。得不到支援，她於是決定不靠別人，專注在重振自己的團隊。可是大家都知道她人緣差，作風尖銳，深怕惹事，沒人願意挺身而出。

莫尼卡早在總經理前誇下海口，也清楚點出現有的問題，全公司都睜大眼等著解決方案。這時候，公司的行銷總監和原本的核心團隊成員，提出幾個更新計畫，因為他們對公司系統了解透徹，計畫雖然不是破壞性創新，但可行性

高。幾個月後，莫尼卡被裁員了，行銷總監坐上了行銷長的位子。

※　　　※　　　※

Facebook 前產品副總 Deb Liu 在訓練新進產品經理的時候，點出許多人上任時的第一個地雷：「得罪辛苦把公司帶到當前里程碑的同事」。偏偏，這些人馬上就成為幫助你成功或拉你下苦海的重要夥伴。

如果他們討厭你，你已經失敗了一半，因為所有的事情都是團隊合作，光靠自己一個人根本成不了事。再說，原本的同事大概也都知道這些問題，只是礙於很多原因，無法推進。點出問題容易，但解決問題困難，一旦你坐上了這個位子，這些問題很快就會變成你的。

●拆解地雷：了解團隊最主要的目標是什麼

先聆聽，問大家覺得現在遇到的困境是什麼，覺得哪些事情已經做得很好？哪些事情希望可以有所不同？接著，整理他們的話。記得，這時候大家會有各式各樣的想法，你又是新人，要是一下子陷入細節，肯定會喘不過氣。記得著重在拉大視野，比如你可以問他們：「你覺得去年部門最大的里程碑是什麼？你覺得從頭來過的話，會用怎樣不同的方式做？」「你覺得今年最需要著重的部分是什麼？如果快轉時光到年底，你希望今年成就些什麼？」

地雷2：擋人財路

再分享一個我親身經歷的故事，布雷（化名）是我的新老闆，他過去戰績輝煌，帶領上百名工程師，建立百萬用戶使用的功能。他來自科技進步的公司，一進公司就發現我們的數位轉型才剛起步，還用了大量的印度外包工程師，而且外包公司收費偏高，人才也不完全符合公司的需求。

他於是大刀闊斧，講明了要砍掉外包公司，印度外包公司聽了急跳腳，連忙找來印度分公司的主管，開始在公司內部拉攏人馬；印度分公司主管在公司多年，人脈廣、對業務了解深入，布雷的建議雖然有道理，但還沒能證明自己，已經樹立一堆敵人。後來布雷雖然成功降低印度外包工程師的費用，但也因此惹毛科技長，不到半年就被迫離開。

回頭看，布雷如果先建立小型的矽谷團隊，用具體成就讓公司刮目相看，低品質的印度外包公司馬上相形失色，或許印度分公司主管也會想跟外包公司劃清界線，但當時，布雷還沒有具體作品，卻已經樹立敵人，仗還沒打，就被敵軍看到了計畫，先被捅一刀，只能退場了。

另一個是我自己的故事，我剛到麥當勞工作的時候，發現公司竟然在外包公司雇用了 40 名軟體產品設計師，但公司當時只有 3 個產品經理，以一般軟體的建置情況，最多大概只需要 3 個設計師，於是我立刻就去跟老闆打小報告：「他們根本騙錢！」我像是抓到廠商的把柄，得意地說。老闆一聽，讚賞了我，但他問：「那這些人在做什麼？」我沒調查清楚，支支吾吾，老闆立刻找來廠商細談，確實有些浮報，

但也有些服務公司確實需要。

事情發生後，廠商似乎對我記恨在心，幾次準備重要會議資料，都刻意直接找老闆報告。回頭想，我還是應該整頓外包團隊，但可以多了解詳情，雖然我們不需要 40 個設計師，但確實需要其他的服務，可以調整業務內容，在不直接大幅擋人財路的情況下，先做整頓，工作上就能有更多協助我的資源。

●拆解地雷：從了解公司營運，以及顧客、消費者、用戶需求開始

Facebook 前行銷長安東尼奧（Antonio Lucio）曾說，要改變公司裡的「遊戲規則」，就要先按照「遊戲規則」玩，贏了，你就可以改變規則。要贏，你得先深入了解公司，不只是了解公司怎麼賺錢、花錢，也要明白公司的營運模式、文化、用人模式。當你清楚這些模式，就有機會坐上重要會議的圓桌。一旦上了桌，你就有機會定義做事的方式和誰來幫忙實踐你的願景。接著，你一定要成為公司裡最了解顧客、消費者、用戶的人之一，老闆或許不在意你的想法，但肯定在意公司顧客、消費者、用戶的想法及數據，特別是當公司處在一個混亂、不確定的情況下，擁有這些洞察肯定可以讓你說話大聲。

我認為，擋人財路沒有錯，但你得先站穩腳步，有策略才能一步步革新。公司鬥爭一點都不容易，但你的軍隊還沒整裝就先跟敵軍宣戰，就先輸了一半。

地雷3：自己核心領域沒做好，卻已經想到其他團隊的負責項目

我在美國第二大零售集團 Target 百貨工作的時候，負責平板電腦上面的電商業績，也就是說，我的目標是讓很多的用戶用 iPad 連上 Target 的網站，或是下載 Target 的 App 買東西。在網站的部分，我發現公司當時的分工是手機平板和電腦版電商業績分開，但是手機平板版網站其實跟電腦版是同一個網站，所以當我開始列出需要修改的地方，絕大部分的修改權其實都在位於明尼蘇達州總部的電腦版網站團隊手上。該團隊已在公司多年，早有自己的做事方式和計畫要做的產品藍圖。我向他們提供修改清單，但因為他們的業績是「在電腦上買東西」，因此對於修改 iPad 上的網站體驗，愛理不理，加上他們的工程師在印度，要請明尼蘇達團隊去要求印度工程師做事，來來回回，沒效率也沒成就感。

於是我決定改變策略，只專注在自己可以掌控的 iPad App 上，專心重建 App，請矽谷同辦公室的工程師快速建立、修改功能，果然在 6 個月後上線 App，即使手機平板網站體驗依舊很差，但 App 就創下一天 100 萬美元的業績，遠高於目標。

●拆解地雷：規畫核心、重要的事，盡量不踩線

了解其他組的權利義務後，萬一發現自己團隊的權限不清，記得一定要跟老闆問清楚，畢竟以後再提出來，就覺得好像居心叵測，只有新人時可以靠「裝不懂」刻意釐清。

能做的事情肯定很多，就先從大家覺得一定是你該負責且重要的事做起，如果真的發現得跨到線外才能發揮影響力，就趁新手上路大家還沒討厭你時，快問清楚。

地雷 4：想一步登天改變

我前公司當時還在數位轉型的早期，不要說什麼區塊鏈、5G、Web3.0、人工智慧等新科技，公司裡連基本的數據分析軟體都沒有，而且 App 也還沒做好，網站的造訪人次有多少都不知道。公司大刀闊斧準備數位轉型，從亞馬遜挖角了高階主管阿提（化名）。阿提的背景是創新科技，來了以後對做什麼數位折價券等小功能都沒興趣，開口閉口都是無人車等超先進的計畫，阿提請來的人也都是業界創新科技的專家，每個人都為閃亮的先進科技雀躍，但一提到數位轉型必備的基本功，像是把店面的數據數位化等，都意興闌珊。

相反的，原本的科技團隊都是年約 50 歲的資深員工，在公司工作 2、30 年，對數位概念薄弱。阿提看不起他們，也懶得跟他們溝通，找來了昂貴的顧問公司麥肯錫做了一堆報告，試圖用華麗的分析說服他們，但偏偏原本的科技團隊對業務了解深入，過去系統是他們白手建起，他們不配合，

數位轉型就沒望。公司裡很快就變成了「老人派」和「新人派」的鬥爭，2、3 年後，阿提被迫離開，旗下數百人被裁，老人派獲勝，公司數位轉型幾乎回到原點。

　　我覺得，阿提的方向是對的，但錯在想要一步登天，不願意從基本功做起。改變要成功，要從很多小地方做起，快速改變小地方，迭代多次後就成了大改變。

●拆解地雷：規畫「快速小贏」

　　在籌畫重要業務的同時，得先找點簡單、能立刻顯見小成就的事來做，這樣大家對你的那項重要大事才會有耐心。

地雷 5：讓同事覺得「你來沒幫上忙，反倒讓我更忙！」

　　說到這裡，你大概會覺得，這些都是高階主管才有的問題，那我再說一個故事。

　　Elly（化名）是我公司新來的小編實習生，才大學的她很有想法，不只自己經營粉專，也參加各類社團，第一天開會，她就給了不少經營 Instagram 的想法，接著她聯繫美編，希望可以開始做改變。雖然 Elly 講的東西似乎有道理，但美編覺得如果要大幅改變，應該先做一些分析，看看競品的現況，要改就想清楚，一起改一改。於是美編反過頭來要求 Elly 把分析整理出來。

　　2 週後 Elly 和美編開會，卻還沒做競品分析，倒是美編已經跟同仁來來回回，花了時間改東西、想計畫。

美編氣得跟主管抱怨：「這實習生給我增加工作量，自己卻不幫忙！」

沒錯，Elly 踩了新人的第五個地雷，就是讓同事覺得「你來沒幫上忙，反倒讓我更忙！」

●拆解地雷：詢問「哪一件事情我接下來的 2 週可以幫你做？」

新手上路的時候，通常會讓同事覺得你幫不上忙，而且為了訓練你，他們還得花時間。你可以問「有沒有什麼事可以幫忙的」，讓對方覺得你真的幫上忙了。記得問對方「接下來的 2 週我可以做的事情」，這樣他們才不會要你去做一件得花 8 個月的大事！

你就是公司文化

辦公室工作最頭疼的大概就是人際互動，在溝通上遇到困難，很多時候是因為沒能符合公司文化。大家常問我，如果企業文化不好，要怎麼辦？首先，文化就是你，你就是文化。我剛進 Facebook 的時候，公司發了一張貼紙，上面寫著「這是我們的公司」，意思是：文化就是員工怎麼對待彼此、顧客和廠商，也就是說，你怎麼對待別人，就是公司文化。所以，你有責任、也有能力改變公司文化。

當然，我們也都知道，公司人很多，你肯定沒能影響全公司，所以進入公司前，挑選適合的文化很重要。我認為，

大部分的公司都沒有極度好或是極度壞的文化，就是不同、適不適合你而已。比如說，你可能會覺得 Facebook 這樣的公司組織架構「很扁平」很好，連實習生講話副總都要聽，但這也表示，沒有什麼是「老闆說了算」，因此多數的決策都要經過很多人同意。你如果有個想法，就得說服好多人，連比你資淺、覺得對方明明就是小屁孩的人，也必須得到他的支持。聽起來是不是挺累的？！如果你是那種眼光好、行動派的人，不擅於得到很多人的支持，但你做的決策通常都很正確，這樣的公司可能就不太適合你。

再舉一個例子，你可能覺得矽谷有些公司「無限天數休假」很棒，但事實上，因為公司是責任制，而責任可大可小，好比「行銷」，你永遠可以再多發幾篇文、多研究競爭對手的社群媒體、開始準備下個月的活動、幫忙其他同事，事情根本永遠做不完，結果每次請假都還要覺得不好意思，而不像有限制的公司，請假非常合理。

但我們也知道，其實公司再大，會密切合作的人就那幾十個，所以從這些人開始影響，要是真的改不了，就挑一間適合自己的公司吧！與其在那邊跟同事生氣，退一步海闊天空，找到更適合你的地方吧！

溝通，是因為我們不懂讀心術

溝通的能力很重要，也很難，即使像我工作多年，也都還在學習中。像是我剛開始跟創業合夥人 Phoebe 共事的時

候，她常會把很長的英文文章轉寄給我，或是說「妳看他們都這樣做」，我不是一個很愛閱讀英文的人，當有不懂的東西，我第一個反應是問人，她則是閱讀。但我是一個很有行動力的人，所以每次看到這些信，我的感覺是：「我們明明是夥伴，她怎麼一直叫我做事！」

　　有天我鼓起勇氣，說出自己的感受。Phoebe 非常驚訝，向我解釋她是喜歡閱讀的人，因此看到覺得不錯的文章，就只是順手分享，提到「妳看他們都這樣做」也只是單純表示驚訝。但因為我是一個行動派的人，所以看到訊息時，就會覺得她在指派工作給我，當我又做不完的時候，就會覺得很煩躁。而且我不善英文閱讀，所以並不享受看文章的過程。相反的，她總覺得我拉著她到處問人很浪費時間，不如網路查一下比較快。我則是很享受和別人對談、討論、激盪想法的經驗。後來我們決定有疑問時，我問朋友，然後寫下來給 Phoebe；她則是閱讀完後，跟我口頭分享。我們善用彼此的長處。我也會問她事情的輕重緩急和用意，我們都不會讀心術，溝通後，原本棘手的事情變得好簡單！

實 力 開 外 掛

科技公司升遷也靠溝通能力

　　在頂尖的軟體科技公司，工程師的工作主要有兩大部分，一個是在產品經理決定要開發什麼功能的過程中，提供反饋，幫忙想解決方案，讓產品經理做決定的時候，能考量科技的難易度，找出可以解決用戶痛點又有投資報酬率的功能。另一個當然就是決定要如何建置功能，並建置出來。

　　雖然很多工程師都說自己是全端工程師，但通常我們都期待至少專長前端或後端其中一種。如果用簡單易懂的講法，前端就是你在網站上看得到的那些內容，比方說，你看得見一個按鈕；後端就是按下該按鈕確實可以用，比如按下後就真的可以結帳。如果用實體房間來比喻的話，前端就是看得見的電燈開關，後端就是按下去燈會亮。

　　軟體工程師通常會 1 至 2 種程式語言，邏輯清晰、追根究柢，面試前會「刷題」，也就是準備面試時直接寫程式，但當大家都會寫程式，你在 Github 平台上的作品集，以及真實的工作經驗就很重要了！

　　很多人說工程師不善溝通，但我在矽谷看到的是，能升遷的工程師多半溝通能力很好，可以把超級複雜的天書

說成吸引人的故事，連阿嬤也聽得懂呢！

舉例來說，剛入行的時候，和我合作的工程師要求產品的需求，必須準備未來 4 個星期的量，我問他：「這 2 週的都還沒做完，為什麼要我準備再下 2 週的需求呢？」

他說：「這就像媽媽幫妳準備 2 個便當的道理，雖然她說晚上會回來煮飯，妳中午只要一個便當，但要是她加班、妳中午一個沒吃飽、妳打翻便當、不想吃中午的便當，那還有晚上的便當可以吃！」

其實他說的是，有時候工程師會遇到「依賴需求」（Dependency），需要其他的功能完成才能繼續往下做。或是有時「前端」和「後端」工程師工作分配不平衡，有一組人特別閒，但需求剛好都是另一組人要做的。或是要等「架構師」來評估怎麼做結構會比較好，所以不能繼續做下去。還有的時候，工程師可以先用「評估衣服尺寸法」（T-shirt Sizing）評估下一個「衝刺」（Sprint）每個「產品需求」的難易程度，這樣下一個衝刺的東西搞不好就可以提早做，或是開始做的時候更上手。所以需要準備 2 個「衝刺」的工作量。

你看看，比起真實的答案，他是不是說得很簡單！

2

衝突因應力

我西北大學的學生寫了封氣噗噗的信給我，長篇敘述，說他有個組員不做事。這時候我有幾個選擇：

1. 去要求他的組員認真一點。
2. 跟他說，期末可以給組員低分，現在請他先撐一下。
3. 私下幫他的組員，讓這位組員展現貢獻。
4. 請他自己跟組員講。

你會選擇哪個？

如果是第一個，組員大概會改進，不過可能會非常恨告狀的人。

如果是第二個，組員大概會繼續爛下去，而且在期末得到爛成績之前，這個學生應該還得痛苦一陣子。

如果是第三個，好像不太公平，沒做事的人反而有老師幫忙做事。

我選擇了第四個。那我要怎麼跟學生講？學生該怎麼做才會有效？

※　　※　　※

「謝謝你跟我說，你真的很勇敢。也恭喜你在專業領域更上一層樓，處理和幫助表現不好的同儕是領袖的重要技能之一。你跟那個組員說過嗎？」我說。

「大家跟他說過一次，但好像沒什麼改進，就懶得再跟他說了。妳可以跟他說一下嗎？」學生說。

「你覺得，他會不會以為自己已經改進，但其實沒達到你們的期待？我當然是可以跟他說，但這樣就會破壞了你們的關係，畢竟作業是一時的，但友誼和人脈是一輩子的，失去一個好人脈真是可惜！我建議你再跟他說一次，我來幫你準備一下怎麼說，好嗎？」我說。

「喔，好啊！」學生說。

豬隊友未來可能是你最強大的人脈

大家都知道人脈重要，而建立人脈的要訣之一就是解決衝突，簡單說，敵人少，人脈就好、就廣了嘛！但你可能會問：「人脈是需要找些有權有勢的貴人。我吵架的對象是豬隊友啊！我不可能需要他這種人脈吧？」哎啊，你可別這麼勢利，我職涯上不少珍貴的機會都是小人物介紹的呢！

像是我在北美台灣工程師協會擔任義務理事的故事：我幫該協會找活動講者，協會是非營利組織，所以沒能提

供講師費，加上活動有些倉促，即使團隊上的理事全是頂尖科技公司的中高階主管，但遲遲找不到願意來演講的頂尖創業家。有天我剛好跟過去在幼稚園當老師的 Sharon 吃飯，她一聽到我的困擾，拿起手機傳了簡訊，美國知名科技公司 Evernote 創辦人菲爾・利賓（Phil Libin）立刻答應前來。

她怎麼這麼神？原來，她過去在矽谷帕羅奧圖的幼稚園教書，那是個許多矽谷成功創業家、投資人住的城市，因此她不少學生的家長都是矽谷神人。

為什麼跟你說這些？因為我發現，世界很小，很多強大的人脈都不是那種你表面就看得出來的。或許可以介紹你 Google 工作的人，不是 Google 員工，而是那個小工廠員工的國小同學正好是 Google 高管。

你可能會問我：「我要怎麼去找這些人？」我的答案是：「就不要找了！」我不是不要你去找這些人，而是想告訴你，人脈無所不在，與其很功利地想著「這個圈子人脈很有用」，硬要把自己搞得很累，倒不如放寬心當個善良的人，有能力就幫助人，有需要就不要害羞到處問。我開始創業後才聽說，創業圈對募資有個諺語：「你找人要投資，他就給你建議；你找人要建議，他就投資你。」

這和找工作一樣，常常最適合的工作都不是在「找工作」的情況下發生的，反而是在你沒有特別目的與人閒聊、交流、互相幫助下，就達成了。也可能類似你要找對象的時候，往往最後的對象都不符合一開始開的「擇偶條件」的情況，而是偶遇在你最想不到的地方吧！

怎麼跟豬隊友攤牌？

後來，我給了學生以下方法，這也是我在職場多年發現非常實用、給予他人反饋的 10 個祕訣。

1. **盡量當面或視訊講**，不要用電子郵件，這樣可以根據對方的表情、反應，做即時的調整。

2. **講述事實**，比如「那天我們說好一人做 3 個報表，但你只做了 1 個」。不要誇大，像是「你每次都少做！」或許他確實如此，但舉出具體的事實，可以讓雙方都比較理性。

3. **跟他說你的感受**，比方說，「我沒有感受到重視」，因為沒有人可以反駁你的感受。但如果你說「你很懶」，對方就可以反駁了，因為他可以說自己沒有很懶啊！

4. **坦白說出他對你的影響**，比如「因為這樣，我只好花時間多做分析」，讓他知道你之所以在意，不是故意找麻煩，而是因為他影響到你了。

5. **反饋要即時**。人都很健忘，事情發生當下盡量立刻說，除非當時你們彼此的心情都不好，那就等幾天，但不要大家都忘記了才在講。

6. **確定自己是出於善意**。這一點我知道很難，因為你就是想抱怨，但想想，你或許是希望對方可以做得更好，成為更好的組員。記得反饋時，回到「你是出於

善意」的初衷。不是初衷嗎？那就逼自己當善良一點的人啦！

7. **讓對方知道「反饋是禮物」**，以及你希望他成為更好的組員（要真心喔！就當成是累積福報啦！），也想了解怎麼樣可以幫助他。

8. **讓對方自己想解決方法改進**。如果他問你，當然可以一起腦力激盪，但不要讓對方覺得你在要求。說穿了，這也是他自己的責任。

9. **不要逼對方立刻說好**，讓他想一想、沉澱一下，下次可以再談你們能夠做的行動。

10. **如果下次他改進了，要記得讚美他。**

另外我也請他讀《精準回饋》這本書，一週後，學生來找我，他開心地說：「我已經告訴他了，心裡覺得很舒服，他也改進了，真的很謝謝老師！」

從信任別人開始

有天在群組裡，有人傳了一則笑話，說社區只有他家沒有裝防盜，結果其他戶都被偷了，只有他沒有被偷，小偷留下紙條說：「你放心我，我也讓你放心。」

雖然肯定只是個笑話，但我在參加美國傳奇投資人提姆‧德雷珀（Tim Draper）辦的 Draper University 創業比賽頒獎典禮時，他說了一個類似的概念。

他提到，人很奇怪，當你覺得對方一定會做壞事，他就真的會去做壞事；當你相信他一定會做好事，他就會去做好事。所以信任人，也要遵守承諾。「若你跟別人說『下次一起吃飯』，那就去做，不要只說客套話，絕不信口開河。」

我想起在 Target 的時候，我不小心雇用到別人眼中的「豬隊友」，當時他是隔壁組的工程師。隔壁組的同事說：「我願意把這個組員讓給妳。」

聽起來是不是很不錯？我急著招募，團隊又都是新人，有內轉人選當然看似很棒，沒想到原來他是別組的問題成員。但我跟他談過後，覺得他可以成功，也會想要「敗部復活」好好做，因此一直相信他可以幫我完成該年重要的專案，我甚至帶他一起跟高階主管開會，也盡力幫助他，果然他真的很努力，也做得很好。

偶爾粉絲會問我，說公司有些違規，想要檢舉公司，問我覺得如何。我通常會建議他們試著跟公司說。我相信，如果你信任公司會做對的事，它就比較會做對的事；如果你認為公司是壞人，它可能就會做出不好的事了。我覺得很難，但我也鼓勵大家試著心存善念，當你提供反饋，試著出於「我希望你更好」的初衷，而不是「我只是想發洩罵人」的緣由。

要別人信任你很難，那就只好從信任別人開始了！

萬一我是別人眼中的豬隊友

　　開頭的故事是講怎麼跟豬隊友攤牌，但萬一你是別人眼中的「豬隊友」，該怎麼辦？

　　潔西是傳播學院的中國女生，她興奮地告訴我說，她選了一門商學院的課，和一個印度男同學一組，「我覺得太酷了！我這小組有個職場經驗豐富的『印度小哥』，我覺得很榮幸！」

　　2週後，我收到她的信：「老師，我可以打給妳嗎？」

　　電話那頭，潔西的聲音聽起來很沮喪：「老師！那個印度小哥所有重要的工作都自己做，不分配給我們，然後還去跟教授抱怨我們的貢獻特別少！」

　　說著說著，她突然大哭起來：「他分配給我的工作，我都做得很好，也好幾次詢問要不要幫忙，他卻不理。感覺他是種族歧視，故意欺負我！」

　　「那妳跟他約個時間一對一談吧，將妳的感受告訴他。」我說。

　　「可是他確實做得比較多啊！這樣我是理虧嗎？」潔西一邊擤鼻涕，一邊問。

　　「但他把重要的事情都拿走啦，又不給妳機會，這樣妳要怎麼表現？！就算妳比較沒經驗，但好的領袖會分配工作，幫助團隊成員變得更好，而不是把自己會做的都做完。」我說。

　　「但他去跟教授抱怨，我已經『輸了』。」潔西的哭泣

聲還是沒停。

「傻丫頭，他私下去跟教授抱怨，被妳知道了，他肯定對妳不好意思，妳已經占上風了！」我笑著說。

接著我教她對印度小哥分享自己的感受，並且先想好幾個改善方案跟印度小哥提議，同時與教授分享。

幾個星期後，潔西跟我聯繫：「老師，我們的問題已經完美解決了！現在印度小哥會平均分配工作，我們也都做得很好。還好我跟他談過，不然半個學期就報廢了，真是謝謝妳！」

同事不肯幫忙時

你有過需要同事幫忙，但對方不肯的經驗嗎？應該很多吧！讓我來說說另一個我在 Facebook 工作的故事。

「Diana，想請妳幫忙做這個研究調查。」我說。

「我現在沒空，我正忙著幫產品組做競爭對手調查。」Diana 說。

如果你是我，現在你怎麼辦？

1. 去找她老闆。
2. 去找你老闆。
3. 死纏爛打，直到她答應為止。
4. 就不要做了。
5. 找別組做。

如果是第一個，Diana 會覺得你在背後捅她一刀，以後肯定會找機會報仇。

如果是第二個，你老闆會覺得你無能，「叫你處理，現在又把事情推回我頭上」。

如果是第三個，或許可行，但 Diana 以後可能會避開你，因為覺得你一直凹她，再加上事情這麼多，恐怕她也會做不好。況且，這種案子很多，你哪有這麼多時間可以每一件都死纏爛打？！

如果是第四個，那你不要做的事情可多了！久了，就沒有一件事情可以做，然後你就被開除啦！

如果是第五個，一來別組可能不是這方面的專家，做出來的東西，Diana 說不專業，不相信結果，最後白忙一場。二來別組有什麼理由要幫你做？而且別組這樣就會踩到 Diana 團隊的權責，最後搞得三組都不開心。

那怎麼辦？！

事實上，這是我在現實職場中經常會遇到的事，特別是剛進去還是菜鳥，其他組的人跟你沒交情又對你還沒有累積重視的時候。畢竟，事情永遠做不完，你的優先次序往往與別組的人不一樣，如何達到共識，是職場必備的技能，這也是 Facebook 面試的常考題。

當然，沒有完美的正確答案。比較理想的方式是，你和 Diana 一起找彼此的老闆，二對二對打，喔，寫錯了，不是對打啦，就是一起討論出結果。

「這樣我老闆會不會覺得我很無能，要是什麼都要他跟

對方老闆講，就不用我啦！」你說。

　　沒錯，所以你不能空手去，要事先和 Diana 一起整理資訊，總結出幾個選擇給雙方的老闆。

避免吵架大會的資訊整理法

　　整理資訊的重點是把自己抽離，假想這項研究調查做或不做，對你真的沒差，你只是要公正地幫兩個老闆做出對公司好的決定。

　　首先，列出評估指標，找出最重要的事情做。 舉例來說，如果是「立刻會影響業績」「全球都可以用的報告」「不用數據科學家就可以做的分析」的市場調查，理論上就應該做。你在這裡也可以多列幾項，例如：若是考量到「能幫助公司打進今年重點的印度市場」這件事應該做，那這個研究調查可能就不需要；但如果只考量到上述 3 點，就該做。如此一來，雙方的老闆，可以先針對評估指標做討論，大家也會比較理性，不會一下子就進到「要不要做」這件事，並且避免立刻就分為兩邊、各說各話。也可以用評分制的方式，列出評估指標後一一評分，像是「影響多少營收」「影響多少用戶」「降低多少支出」等，甚至把比較重要的評估指標加權計算。

　　如果大家同意了評估指標，也根據指標，認同「理論上是應該做」，那就進入第二點：討論「這是不是比其他事情重要」。

　　第二，列出如果在不增加資源的情況下，哪些事可以「不要做」，才能挪資源到這項研究調查上，以及「不要做這些事會犧牲什麼」？比起做這項研究調查，犧牲的事權衡之下會比較不重要嗎？這也就是大家常說的「機會成本」（Opportunity Cost）。

　　比較理想的情況是，最後兩邊老闆有幾個選擇，一個是，如果我們在意的是○○○，那就該做○○○；但如果在意的是○○○，那就該做○○○。我們建議○○○，但你們覺得呢？

　　如果確定真的無法挪用現有的資源，那可以進入**第三點：列出其他增加資源來做，或是往後推移的方案**。舉例來說，「刪除不做」「明年再做」「找實習生做」「請○○○組幫忙」「外包給廠商做」。這些方案都要寫清楚對公司的權衡影響和風險，比如「刪除不做、明年再做」的話，今年某個業務可能會被拖遲或影響；「找實習生做」的話，也許會做不好；「請○○○組幫忙」或許以後就會變成別組的業務，而且要拿什麼來交換？「外包給廠商做」的話，就需要請兩邊老闆去籌措預算。

　　除此之外，你和 Diana 也可以準備 1、2 個你們建議的方案給兩邊老闆。

　　這樣的話，兩邊組員和老闆都可以用清楚、理性的邏輯來討論，不會只是變成一場吵架大會。

逃避衝突會影響你的職涯發展

面對衝突、處理衝突很難，但如果逃避衝突，它終究會影響、減緩你的職涯發展；如果你只是把衝突放一旁不處理，像是刻意避開對方，能躲就躲，但衝突就像不定時炸彈，終究會在你不希望它爆發的時候引爆。

解決衝突的第一步是「與對方站在同一個起點」（meet them where they are），不妨先把對方的不滿都幫他講出來，讓他知道你聽到了。如果沒做這件事，他是不會聽你講話的。因為你在講的時候，他也沒在聽，只是一直等機會換他講，最後就會變成兩個人各說各話。其實想想，以前在工作上爭得你死我活的事，回頭看真的一點也不重要！

不要害怕衝突，因為有衝突，表示雙方用不同的面向去看這件案子，這樣最後做出來的結果才會特別好，因為很多方向都考慮過了。最怕的就是，整個團隊裡的每個人想得都一樣，想得很少，最後發現消費者和你們想得都不一樣，做出了一個爛產品、壞案子。

不要害怕解決衝突，因為解決了衝突，團隊才會更了解怎樣與彼此共事，之後才能找到默契！

實 力 開 外 掛

短期的犧牲會帶來長遠的成功

　　男友矽谷吉姆工作的餐廳廚房有些鬥爭，嗯，對，你以為只有在辦公室才有鬥爭？其實連餐廳廚房裡也會上演鬥爭，有人的地方啊，就有江湖嘛！

　　這家餐廳先是請來了明星廚師馬克擔任餐廳的 Chef（主廚），馬克於是帶了以前的學生吉姆和另一個副廚，一群人把餐廳從 0 到 1 建立起來。沒想到半年後，餐廳老闆覺得馬克薪資比較貴，因此藉故把馬克改成兼職，故意想逼他離開，讓薪資相對較低的副廚領導。雖然馬克經驗豐富，去哪裡都有人搶，但自己的位子被人強迫讓徒弟頂替，誰都會覺得不開心吧！

　　但令人驚訝的是，馬克雖然對老闆很生氣，卻還是很挺徒弟，不僅細心交接，還要其他廚師都改叫副廚為Chef，他還沒離職，就要大家改口叫他馬克。在餐廳裡，Chef 是只有最高等級的廚師才有的職稱，馬克說，副廚升遷要有大家的尊敬才會有信心，也才能表現好，因此，他希望大家全力支持副廚。你說，這樣的主管是不是很受人尊敬？

　　在業界，一定都有討厭的人，難免就會嫉妒、報復，

或是想要把別人鬥垮，我曾經碰過屬下在背後捅我一刀，結果不到幾個月，又來要我幫大忙，我一度猶豫是否不要管他，但最後還是幫了。我想，做對的事是重要的。他們可能很糟，但如果反過來對他不好，你也壞了自己的人格，這種人不值得你這麼做！

有時候，你也會想要抄捷徑，但很多時候，短期的犧牲會帶來長遠的成功，像是美國知名的矽谷加速器 Draper University 的校訓之一：「我會為了長遠的成功做短期的犧牲」。以前有超市的藥品遭人隨機下毒，後來藥廠就全部回收下架，儘管造成嚴重的損失，但也因此得到消費者長期的信賴。

如果你真的很討厭某個人，你就想，他也是一時風光，總有一天正義會伸張的！（有想像到我現在高舉右手、仰望天光，四周光芒四射了嗎？）

3

簡報力

　　有一天，老闆跟你說：「副總要個專案報告！」在你開始動手前，要問老闆什麼問題？以下是你要先考量的問題：

1. 要給誰看的？

　　看報告的，是內部或外部的人？內部的話，是給內部的客戶、大老闆、公司員工、隔壁組的人、新進員工，還是直屬屬下？外部的話，是給潛在客戶、現有客戶、消費者、投資人、合作公司、廠商？

2. 情況是什麼？

　　是進度簡報、邀功、要求支援、提案、提供方向和訓練？還有，聽眾對這個主題知道多少？

3. 簡報完要達到什麼目標？

　　是希望讓大家知道我們好棒棒（所以你的老闆可以拿去跟他的老闆邀功）、希望聽眾可以做決定、希望聽眾可以有足夠的資訊核准，還是你希望他們可以做什麼事（同仁能夠

幫助你什麼、廠商或屬下根據你希望他們走的方向去推進等等）？

4. 簡報會在什麼樣的情況下被接收？

大家會先看資料嗎？會的話，可能就要給大家背景資訊，大家可以先讀並先提問題。簡報會被轉給沒來開會的人嗎？不會先看資料的話，可能就要寫詳細一點，沒聽到簡報的人也可以看了就知道在說什麼。如果只是現場簡報的話，通常簡報字不能太多，大家沒辦法一邊聽你說，一邊讀字。

還有，整場會議只有你做簡報嗎？還是你的簡報只占會議中的一小段時間？如果是後者，打聽一下你前後是誰、講什麼主題，才好調整內容。

5. 看簡報的人現有的態度為何？

看簡報的人是反對還是支持你的想法？是懷疑還是好奇？如果他們的態度是反對，記得先有個一對一的會議試著說服對方。還有，先聯繫會議上其他的人，請他們能站在你這一邊。

你還可以先準備好幾個不同的方案與每個方案的優缺點，以及評估指標，並根據不同的評估指標，比較出適合的方案。

這樣可以避免開會的時候大家吵成一團，又沒有結論，或是對方當面反對你，陷入尷尬。

　　簡單來說，會議、簡報之前先了解對象是誰、想要聽什麼，如果對方想要你去東邊，你卻偏偏往西邊走，就會造成你做得越多，離對方的需求越遠。所以在走遠以前，先搞清楚方向吧！

讓大家像看劇一樣著迷的簡報內容

　　你是不是曾經有這樣的經驗？去開個會聽簡報，對方感覺每張簡報都頭頭是道，但聽完你也不記得發生什麼事，而且過程中如果中斷也不會想要繼續聽下去，聽不出重點到底是什麼。

　　小時候，我們都最愛聽故事了！這樣的簡報，就是沒有把全份簡報變成一個故事。

從變成一個故事開始

　　開始簡報之前，先別急著做投影片。

　　你先拿出便條貼，每張便條貼只能寫一句話，如果你有 10 分鐘時間簡報，就拿 10 張便條貼，把這 10 句話串成一個故事。

　　以對老闆做簡報為例，第一張寫著「我們百貨公司最近業績降低了 10％」、第二張寫著「但全公司只有鞋子部門成長 3％」、第三張寫著「建議增加鞋子部門的行銷預算5％」等等。

　　每張簡報的標題，其實就講清楚了該張簡報要講的內

容，如果聽眾覺得同意，他就不需要看內容了，可以直接到下一張簡報，如果他對標題有所懷疑，他才需要看內容，內容放的主要是「佐證標題的數據」。相反的，如果你的標題只有寫「業績」，那觀眾還得花時間看內容。

找出折衷版本

好了，你現在排完了 10 張便條貼，拍張照片，把它們全丟掉。

「什麼！我好不容易才做好耶！」你說。

嗯，你排的是「你想講的事」，並非「對方想聽的事」。現在，再做一次，一樣拿 10 張便條貼，排一下「對方想聽的事」。

你硬著頭皮排完了，發現和你想講的完全不一樣。

你想講的都是「你做了什麼」，但老闆想聽的是「有什麼成效」。

「這樣不行啊！老闆想聽的是成效，但我們還沒什麼成效耶，如果照這樣講，老闆一下就發現我們做的東西目前看起來沒什麼成效！」你哭喪著臉跟我說。

好，沒關係，把你剛剛拍照「你想講的事」拿出來。

現在重做一個版本，依照「老闆想聽的事」和「你想講的事」做個折衷版本。

圖表 3-1

你想講的事：你做了什麼

策略	未來的可能	分析	分眾	創意點子	廣告	廣告模特兒	Facebook 廣告觸及率	團隊	業績沒增加

老闆想聽的事：你做的事為公司帶來什麼價值

業績增加	帶來新用戶	用戶回流率高	平均每用戶花費增加	得到新用戶的費用很低	策略	廣告	優化計畫	學到什麼	創意點子

折衷的版本

用戶黏著度增加	預計業績增加	用戶回流率高	帶來新用戶	策略	分眾	廣告	媒體計畫	學到什麼	優化計畫

　　好了，你現在做好故事大綱和每張簡報了。這可是我在 eBay 擔任新興市場產品長的時候學到的，當時我老闆是阿根廷人，他叫 Ariel，對耶，跟小美人魚同一個英文名字，但他可是一個 40 多歲的阿根廷裔美國人帥哥，不僅做事「衝衝衝」，光速推動專案，這在 eBay 傳統緩慢的工作環境中可是特例，而且對屬下超有義氣，常說「我挺你！」，而且只要這樣說過，他真的天塌下來都會幫你擋著，幾次同仁做錯事，他都是第一個出面幫大家。他常常從他住的邁阿密打視訊來給我，開頭就叫我「Anita」，我的英文名字叫「Anya」，「Anita」是西班牙文「小 Anya」的意思……

　　好啦好啦說重點！業務出身的 Ariel，最強的就是說故事的能力，每次跟股東或是副總開會，他總能說著激勵人心的故事，記得有次 Ariel 提到我們在南非的網站有個翻修家具的用戶，原本失業，但透過在 eBay 上買舊家具翻修，最後開了自己的家具行，可是最近覺得網站變慢，讓他多付了手機上網費用。聽完這麼感人的故事，工程師都衝去修網站速度了！

　　另外，我最喜歡的就是 Ariel 準備給大老闆的簡報，讀標題就知道整張簡報在說什麼，而且下面就是看起來很厲害的數據圖，整個好讀又超專業！

簡報精簡要靠分類

　　人家都說簡報要精簡，但感覺每項資料都很重要呢，該

怎麼辦？你可以用分類法讓簡報更有結構，而且更精簡。舉例來說，你是個賣車的業務員，要介紹車子的 30 個功能，但全部都講感覺很零散，對方也記不得，但如果你分類，就容易記了。

比如說，你可以用「好處」做分類：

1. 安全（例如：安全氣囊）。
2. 好看（例如：造型車燈）。
3. 有趣（例如：有可以看電視的面板）。
4. 省錢（例如：油電混合）。
5. 舒服（例如：暖屁股座椅）。

你也可以用「內部或外部」做分類：

1. 外觀（例如：造型車燈）。
2. 內裝（例如：皮椅）。
3. 馬力和科技（例如：無線網路）。

你也可以用「給誰用」做分類：

1. 給駕駛人（例如：自動路邊停車）。
2. 給乘客（例如：暖屁股座椅）。
3. 給路人和其他車（例如：無死角攝影機及雷達）。

簡報架構

好了，你現在做好故事和每張簡報了，也精簡了。現在可以寄出去了？

等等！

有沒有開過一種會議，就是感覺對方講了 5 分鐘，你才發現他講的主題完全不是你以為他會說的內容？你會想問：「他現在到底在講哪件事？」這樣的經驗你一定有吧！大家常會忘記自己每天做的事和別人不一樣，而且每場會議的主題未必都一樣，所以會議時間常常就會浪費在進入狀況。

幫助對方進入狀況

你需要 4 張簡報，這幾張都只需要幾秒鐘時間講，但可以快速幫你的聽眾進入狀況。

●第 1 頁：「我今天要講這件你關心的事」

列出這一季公司的首要目標，點出你的專案和這個目標的關聯。這招我以前在 Facebook、eBay 等大型科技公司工作的時候，同事都很愛用，因為這些優秀的高材生員工都喜歡說自己做的事情很有「策略性」，所以把自己的小案子連結到公司的大策略，感覺做的事情就變重要了一級，升遷就更有望啦！

圖表 3-2　**簡報第 1 頁模板**

這一季我們有 3 個目標，今天我要講的是在第一個目標下的專案 A		
公司使命、願景、策略		
目標 1	目標 2	目標 3
專案 A	專案 D	專案 G
專案 B	專案 E	專案 H
專案 C	專案 F	專案 I

●第 2 頁：「上次我們講到這裡」

　　你平常看網飛是不是都有前情提要？不然有時候一下子你會忘了之前看到哪，跟不上劇情。開會也是一樣的，大家都很健忘，提醒一下對方，有助對方進入狀況。

圖表 3-3　**「上次我們講到這裡」簡報頁模板**

上次會議我們同意○○○。你問我○○○，所以我為你準備了○○○，這樣的話我們可以決定○○○。	
上次會議 1. 我們同意○○○。 2. 你問我○○○。 3. 我承諾○○○。	今天我們要達成的目的是： 1.＿＿＿＿＿＿＿＿ 2.＿＿＿＿＿＿＿＿ 3.＿＿＿＿＿＿＿＿

●第 3 頁：執行摘要

如果老闆只有時間看 1 頁簡報，就是這頁。其實這頁一點都不難，因為你剛剛已經寫好了 10 張便利貼，那 10 句話全部貼到這裡，就是你的執行摘要了！

這裡有個重點，就是「敘述」不重要，「so what」才重要，拿我的新創公司比喻，我以前會說，我們是「人工智慧租衣訂閱服務」，這一點也沒錯，但只是講了我們做什麼，不是為什麼重要。但如果我改成「讓男性穿得好看又不用買衣服」，這就吸引聽眾了，因為他們立刻知道為什麼應該要關注這個服務和技術。

台灣資訊改造公司 Re-lab 跟 SAT 推出的「資訊邏輯表達課」有提到，「懶人包」之所以受到歡迎，是因為資料統整成邏輯清晰、條理分明的封包，其實就是這個道理。畢竟大家（包括老闆）都很懶啊！

●第 4 頁：議程

如果簡報會分好幾個議程，記得在提到議程的頁面把前後講過的內容也寫上去，這樣大家才會記得剛剛說了什麼，後面又要說什麼。比如，你整個簡報要講 3 個部分，分別是：去年業績、今年業績、已達標業績。當你要開始講那個部分的時候，該張議程的簡報記得包括以上 3 個部分的內容，這樣你可以一直提醒他們前面說過什麼、後面要說什麼。為什麼要一直提醒？因為人是很健忘的啦，一下就忘記了，很多人開會都在睡覺你不知道嗎！

　　寫完以上這4頁以後，你就可以開始把之前準備好的簡報一頁一頁寫上。記得，重要的先講，因為會議總是拖得太長，後面的簡報頁經常就講不到了。

●最後一頁：一件快樂的事

　　快樂的結尾是成功的另一半，心理學上有個「峰終定律」（Peak-End Rule），就是大家只會記得故事高潮和結果。簡報和面試也是一樣，人是很健忘的，開完會常常根本什麼都不記得，所以這是為什麼簡報要記得塑造「一件你一定要記得的事情」，同時，結果也要是一則讓對方開心的資訊。因為對方會把結尾的資訊，套在整個會議中，記得整場會議都是好的。

　　這也是為什麼你去面試的時候，結尾對方會問：「你有沒有問題？」這時候，你可以問他：「你最喜歡自己工作的哪個部分？」「你最喜歡這家公司什麼地方？」「你這麼優秀，應該每家公司都搶著要你，最後怎麼決定加入這家公司？」這時候，他就會滔滔不覺地講自己開心的事、厲害的地方，然後他會覺得心情很好，離開面試的時候面試官就會不自覺地把開心的情緒投射在你的面試上，覺得你的面試過程很順利。

　　會議也是這樣的，你可以在結尾講一件讓對方開心的事，像是回顧一下最近大家做得特別好的案子、謝謝對方一直以來的支持等等。

三明治法：開頭結尾都是你最好的事

如果你是提案，可以用三明治法，就是開頭結尾都是你最強的那件事，比如說，團隊的強項是最近業績很好，但可能因為客人太多，最近客服評分不佳，那你就開頭結尾都提到業績很好這件事，不過，當然要用不同方式講，才不會被發現一直在重複一樣的事情。像是我在美國頂尖加速器500 Global 擔任導師，我輔導的團隊 Invidica 業績長紅，但團隊因為剛開始建立，不算特別完整，所以我幫他們改簡報的時候，開場就先講「我們每個月業績都增加50％！怎麼做到的？」最後結尾的時候，也說「我們過去三個月的業績高達○○萬，如果你有興趣投資，現在是最好的時間點！」

相反的，如果你是客服很棒，但最近業績平平，就可以開頭、結尾都提到最近的客服表現。但記得控制時間，免得講到很糟的中間就沒時間了，那你的結尾就變成自己很糟的那件事！

加碼彩蛋：簡報的 10 個祕訣

談完了內容該怎麼寫，最後就是臨場表現還有吸取反饋了，雖然下面幾點感覺是基本常識，但連我自己簡報的時候，也會經常忘記呢！

1. 重點是對方，不是你

美國頂尖加速器 500 Global 的簡報老師 Robert Neivert

說，重點是聽眾得到什麼，不只是你想講什麼。這點真的是超難又超重要，像是我前陣子在募資，我常會跟投資人說，「建議你投資多少錢……」，後來才發現投資人想要聽「你會得到多少股份」，其實明明就是同一件事的兩面。還有比如說，我的男裝租賃訂閱公司會問客人：「請你給我們反饋，你覺得上個盒子裡的衣服怎麼樣？」但客人的回覆率不高，後來我們改成問：「你下個盒子想要收到什麼？跟上個盒子有什麼不同？」其實是很類似的問題，都是在詢問對上個盒子的反饋、之後的期待，但後者的回覆率就特別高，因為客人會覺得「提供上個盒子的反饋」是幫助店家，但「提出下個盒子的要求」是幫助自己。

2. 練習再練習、笑話一定要測試

之前我去參加創業比賽，6分鐘的簡報我除了自己練習，還找了歷屆的評審練習了42次，對的，42次！時間不多沒關係，至少找個人假裝聽眾，至少練習一次。另外，笑話很好，但很不容易有效果，建議不要用，如果要用一定要測試一下，確認大家會覺得好笑。（是吧！上次同事開會講的笑話是不是不好笑？！）

3. 微笑、用聲音表達標點符號

大家緊張就會臭臉，當你對著對方笑，他也會笑，就會覺得簡報講得比較好。簡報老師 Robert 常說，講話聲音就是你的標點符號，該有逗點、句點就要停頓和吸氣。還有，

如果你要在現場走動，記得不要原地踏步亂晃，而是「舞台左邊、右邊」定點走動，並且在換位子的時候，目光對準一個人不要動。比如說，你在場地的右邊，先看著一個場地右邊的觀眾說：「以前消費的趨勢是擁有物質的東西。」接著，你先把目光移到左邊的一個觀眾，然後目光不要移開，但是往左邊的這個觀眾走過去，一邊說：「但是，現在的趨勢是可以使用這些物質的經驗，像是共享經濟。」像我之前幾次在美國大型展會演講的時候，用的就是這招。雖然被你盯著的觀眾會覺得有些不自在，但不管那個人啦！那會讓你看起來很穩重、掌控全場！

圖表 3-4　簡報時的現場走動、與觀眾的眼神交會

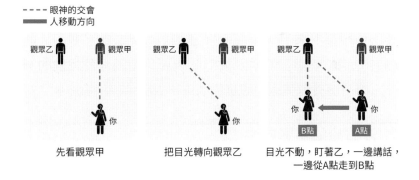

4. 做自己

你可能覺得這個老派，但每個人都有自己的特色，如果你不是搞笑的人，硬要學別人的簡報風格講笑話，大概也做不來。找到自己的特色，不要害怕展現自己的風格。

5. 簡單、前 10 秒決定簡報風格

　　簡單一點就好一點，我通常會把簡報給英文老師改，其實我並不只是要英文老師改英文，而是英文老師完全不了解我公司的業務，如果老師看得懂簡報，就是好，不懂的話就是太複雜了！簡報可以有不同特色，像是數據很多、故事導向、幽默輕鬆、學術研究導向等等，不管是哪種，在前 10 秒你的風格就決定了整個簡報的走向，千萬不要中間又改，大家會搞不清楚，對簡報的印象就不會深刻。

　　就跟韓劇一樣，這部戲是喜劇還是懸疑劇？特色是逼真還是無腦？定了風格、保持一致，大家才會記得你！

6. 當下的每個 10 秒決定了大家要不要聽下面 10 秒

　　大家很容易沒耐心，所以切記每 10 秒鐘都是大家決定要不要聽接下來 10 秒的關鍵。重要的東西先講、吸引人的內容先講，就像你看網飛的時候，要是拖戲你就換別的劇了，哪有機會看到後面幾集很精采，對吧！秒秒重要啊！

7. 沒有證據不要吹牛

　　「我們是世界最強」「以前沒有人做過」，你有證據嗎？

8. 最少要讓對方聽懂，最好有點娛樂性，讓對方感到驚豔，你就成功了

　　聽懂是基本的，有趣、精采才是目標。簡報的時候也要考慮到哪些資訊可以重複使用，比如，如果你公司的產品價錢

一直改變，那簡報最好不要有，可以口頭講，這樣大家才不會過了一陣子拿舊簡報來跟你理論。

9. 如果是提案，要讓對方成為你故事裡的「英雄」

　　我的新創 Taelor 首次募資前，我申請上了頂尖加速器 500 Global 和 Taiwan Tech Arena 的計畫，跟 Thomas Jeng 老師求教募資簡報，他說提案的目的通常是希望對方接受新的點子、新的案子，也就是說，對方會有風險，你的目的就是讓對方願意接受風險，簽下案子。方法就是像所有故事一樣，如果可以當故事裡的「英雄」，大家會比較願意接受風險。讓聽眾成為「英雄」的方式就是要闡述故事裡的「壞人」——告訴他們如果不改變，情況會有多糟，但如果改變了，差別是什麼，然後因為他們願意當「英雄」，世界會因此如何改變。

　　就像是我的男裝租賃平台 Taelor，衣服品牌可以用傳統批發的方式賣我們衣服，但他們也可以當「英雄」，成為我們的策略夥伴做分潤，他們有機會產業轉型，嘗試「循環時尚」商業模式，還可以不用「快時尚」就能測試最新商品、快速得到用戶反饋，並得到豐富的數據，以預測趨勢、降低庫存，做到永續環保。相較於傳統時尚圈在有限資訊下產製商品，導致大量庫存，最後要燒掉或是棄置非洲（「壞人」），他們只要拿些衣服出來做分潤合作，就可以開始改變產業。

10. 如果有人給你建議，重點是問「為什麼」

　　身為新手創業家，建議聽不完，有次我跟頂尖加速器 500 Global 的簡報老師 Aaron Blumenthal 求教，我提到我從許多人得到很多建議，不確定哪些要採納，他說：「重點不是每個建議都要改，而是了解對方『為什麼』給這樣的建議。」因為這樣的洞察，或許你可以根據建議來改，也可能你可以找出更符合洞察、但跟建議不同的方法。比如說，我募資的時候，我們在 500 Global 的募資老師 Thomas Jeng 建議不要講「我們的團隊來自財星百大公司的主管」，我心想：「這就是我們最強的點啊！我們都是有經驗的專業人才，而不是那些大學輟學創業的年輕人。為什麼不能講？」但，我沒有直接不情願地刪掉內容，也沒有就不管他的建議，我問他：「為什麼？」原來，他認為早期新創團隊的重點是執行力，所以當講到「財星百大公司的主管」會感覺他們很緩慢、策略性十足但執行力不佳，於是，我改成「我們是有經驗、有執行力的團隊：我們過去從 0 到 1 創建了 Facebook 購物、Google 的人工智慧、Target 的手機平板電商、Amazon 超商的物流、Stitch Fix 的男裝穿搭團隊」，不僅展現了我們的經驗，也說明了我們的執行力。

主角是你，不是簡報

　　最後我想說，「你很重要。你的觀點很重要。」嗯，對，有時候我們在簡報，會覺得要把內容做得很好，但就像

是為什麼美國知名創業家 Evernote 的前創辦人菲爾‧利賓，後來創辦了網路簡報工具公司 mmhmm，讓講者的人像可以出現在簡報的前面一樣（而不是像我們一般分享螢幕那樣以簡報為主，你的頭像在旁邊），因為他們發現，真正讓人感動的是「你」，是你的表情、你的熱情。我也認為，真正珍貴的是「你的觀點」，你才是真正的主角。就像是我去參加創業比賽練習了 42 次，明明簡報內容已經趨近完美，卻沒能奪冠的挫敗經驗一樣，因為我問答時，一心只想「講最正確的答案」，卻忘了放寬心，真實地表達「我的想法和願景」，或許「正確的」跟「我想講的」答案是一樣的，但心境卻完全不同。

前陣子看了一本書《成功竟然有公式》，書裡提到當有超級巨星跟你競爭的時候，你的表現會受到壓抑，因為當你覺得「不會贏」，就表現不好了。唯有當你相信自己會成功，展現信心，才會表現亮眼。所以，要有信心，人家要「你」去簡報，因為他們想聽「你」說話。

沒有準備，就沒有精實會議

時空回到我在 Facebook 擔任產品經理的時候，信箱傳來產品行銷經理約我和工程師下週開會的通知，會議通知上寫著「目的是決定要出哪個功能、討論舊功能要不要移除，還有決定試用功能的網紅名單」。

開會前 48 小時，我寫好了一份文件，內容包括決定哪

個功能的準則、已經向數據分析師取得的數據、舊功能的現況，以及我建議的走向和可能發生的風險。同時，我也收到產品行銷經理寫好的文件，內容有選擇網紅的條件、建議的合作名單，還有和他們合作的話，需要的經費和協助。

　　開會前 24 小時，我們各自把對方的文件看完，旁邊放上評論和問題，根據對方的問題，我們各自去找補充資料。有時候，為了讓大家能在會議中有清楚的視覺可以了解重點，同仁除了文件以外還得再做一個短簡報。

　　公司裡頭很少有超過 30 分鐘的會。前面 3 分鐘大家遲到加寒暄，後面 3 分鐘大家準備離開到下個會議去，所以只剩不到 25 分鐘，大多時候沒有人簡報，因為大家都看過資料了，可以直接針對不同意的地方討論做決定。

　　你是不是很羨慕 Facebook 的精實開會？上班就會遇到開會這件事，很多人說自己很討厭開會，但不開會也不行，大家不溝通、討論，事情沒辦法推動。但事實也是，要有精實的會議，每個人都得花好幾個小時事先準備，沒有準備，就沒有簡短的會議，天下沒有白吃的午餐。

┌──────────────────┐
│ 實 力 開 外 掛 │
└──────────────────┘

我是這樣輸掉 300 萬

在芝加哥創業比賽的最後一輪世界冠軍賽上，我們完成了完美的簡報，每一秒鐘都精準拿捏。「妳的營運策略是什麼？」評審提問的時候，每個問題都在我們的準備名單上，早已經練習了 42 次，42 次？！沒錯，我們找出了往年的評審，模擬練習了 42 次。但面對早就知道題目和答案的問題，我卻「嗯⋯⋯嗯⋯⋯我們⋯⋯」支支吾吾回答不出來。怎麼會這樣？！

事情回到冠軍賽前 6 個月。

那是一月份，剛跨完年的隔天，我發現芝加哥大學校友創業比賽即將截止，我想起來在芝加哥當 MBA 學生的時候，聽說學校有一個很厲害的校友創業比賽，像是 Uber Eats 的競爭對手 GrubHub，還有被 eBay 收購的 BrainTree 就是那裡出來的，當時有去看一下，只覺得霧裡看花，唯一印象深刻的是，大家都有一件有公司名字的 T-shirt（哈，我記錯重點）。

剛好和朋友到近郊小旅行，在 Airbnb 裡，朋友在一旁打馬力歐賽車電動，我忙著把報名表送出去。呼，好不容易在最後一刻送出報名，耶！來吧！繼續週末小旅行。

「3 個月前我們好像有報名一個比賽，後來怎麼

實力開外掛

了？」合夥人問我。

「對耶，不確定，那問一下主辦單位好嗎？」我說。

幾天後，合夥人打電話來，她問：「學校說他們有寫信給我們耶，妳有收到嗎？」

我抓了抓頭，「該不會是那個公司信箱吧？！」當時新創才剛申請信箱，我和合夥人為了省錢還共用一個信箱，為了讓報名看起來比較像樣，我用了公司信箱報名，但其實根本沒有人在看那個信箱。

折騰了好一會才找到密碼，一打開信箱，數十封信，其中一封的標題是「決賽下週四！」。

天啊！原來我們在近 3 個月前就已經進入美國西岸的決賽，中間學校已經準備了各式各樣的導師諮詢、訓練課程、各類文章、交流活動等等，我們全部都錯過了！而且，距離決賽，只剩不到 10 天！簡報需要全部重做、財務預測一團亂，整個就是來搞笑的。

接下來一週，我每天只睡幾個小時，其他時間都在簡報練習、找資料、算數據。還好平常有在加速器當導師，厚著臉皮去找其他導師幫忙。

比賽前兩天，雖然光是簡報就做不完了，但我一直有件事情掛在心上，我知道有一家公司，他是 10 年前做類似我們這樣男裝訂閱服務的公司但後來倒了，我想知道他

們的問題，但過去 6 個月一直找不到創辦人。

「再試試看吧！」我再次寄出了信，沒想到，創辦人當天就回我了，我們約在比賽前一天視訊，長談了 2 小時，事後我還針對他們無法解決的問題寫出詳細的計畫。

決賽當天，「很高興知道 1 年後你真的把點子實現了！」說話的是印度美國人裁判 Nilesh Trivedi，他是我開始創業前曾找過的校友，當時我還不確定自己要創業，找他諮詢給我一些想法，沒想到他是比賽的評審之一。

當然，畢竟是最難的美國西岸（包括矽谷）決賽，裁判們可沒在客氣，立刻踴躍舉手問問題，第一個問題是「你有沒有跟○○○公司談過？」哪家公司？就是那家我找了 6 個月的公司！當然，我們的回答非常令人滿意。好吧，運氣真的很好！

最後一個隊伍簡報完畢，我和同事們開了 Facebook 視訊聊天視窗，我正在準備去朋友家放鬆吃飯的路上，我在車裡逐一感謝在短短一週日以繼夜的同事們，「什麼時候會宣布結果？」「明天。」大家聊天，看起來都好累，但也都好嗨。

到了朋友家，一邊吃著韓式烤肉飯，手機訊息來了。

「贏了！」原來是主辦單位提前公布結果！我興奮地在屋子裡大叫。我們拿下了美國西岸冠軍！

實力開外掛

你比自己想像的更好，但得把「你」表現出來

　　下一輪就是世界冠軍賽了，身為美西冠軍，我們要跟歐洲、亞洲、南美、美東等地贏得決賽的隊伍比賽，總冠軍有新台幣 300 萬元的獎金。

　　要怎麼準備比較好？「如果能事先知道評審的反饋就好了！」我想。因為冠軍賽和決賽評審不同，我先找了美西決賽的評審，逐一跟他們約時間，請教我們可以改進的地方。但決賽評審就 7 個，很快就談完了。我於是聯繫了其他各區的決賽評審，甚至是以前幾屆的評審。

　　評審都是一些大人物，我想：「如果能幫助他們就好了！」於是，跟決賽評審聯繫前，我會先研究他們的現職和投資過的公司，逐一寫下我可以幫忙的地方。舉例來說，他有投資電商公司，我會看看該電商的網站，提供我的想法，並主動表示我願意提供該電商公司建議。如果是我不熟悉的產業，我會想想有沒有認識的人在相關圈子，表明我樂意介紹。我也會想想有什麼現有的資源是他們可能也會用上，比如我之前有發過新聞稿的記者。

　　我甚至會在圖書館網站查幾個相關的產業報告，附上當做「禮物」。

　　後來每位評審給了各式各樣的建議，除了簡報的改進，也給了我們許多營運模式、商業合作、行銷等的想

法，於是我們埋頭改進。新創這麼早期，我怎麼能證明我的想法是可行的？我想「如果每個細節有做過的人背書就好了。」於是鼓起勇氣，聯繫了競爭對手，早在創業之前，因為我對租衣領域很有興趣，曾經面試好多個租衣訂閱的公司，雖然他們可能成為我們的競爭對手，但我想「他們比我們早做好幾年了，再怎麼說也是我賺到！」果然得到不少洞察。

我也看了不少研究報告，但畢竟對「循環時尚」這個領域不太熟悉，「如果能跟研究員們談談就好了」我想。過程中，我研究了冠軍賽的評審，我發現有個評審是產業報告公司的執行長，我讀了他們的產業報告後，發現有幾篇跟租衣市場很有相關，我乾脆寫信給執行長，問他能不能幫我們介紹寫報告的研究員，就在比賽前一天，我跟兩名研究員長談他們的研究細節。

另外，不用我說，你也知道如果公司生意好，就是創業比賽最有力的賣點，但我們沒錢，要怎麼做行銷呢？「如果能上新聞就好了！」我想。我於是把「勇奪美西冠軍」寫成新聞稿，找了文案師修改英文，一一聯繫媒體，一番波折後果然在比賽前一天上了媒體。

除了直接賣給消費者，評審有個建議是提供租衣服務給企業當做員工福利，我想起以前我在 eBay 收過的實習

生 Jenny，已經輾轉跳槽到 Google，請她找到了員工福利的部門，申請成為 Google 的員工福利廠商。

我也找了平常跟我一樣在加速器教課的導師，Robert 和 Aaron 是專門教簡報的老師，雖然我不是正式的新創團隊，但看在同事的面子上，他們也毫無保留地指導我，一次又一次的練習。

就這樣，到了比賽前一天，從決賽到冠軍賽的一個多月裡，我們長談了 42 位歷屆的評審、登上了 10 篇媒體、試賣了幾 10 位客人，修改了上百次簡報，推出了新的結帳系統。我們也蒐集了其他 20 個簡報沒能寫進去、常被問到的問題，做成了其他 20 張附錄簡報。簡報很完美，也不太可能有會被考倒的題目。

因為一直在修改簡報，到了前一天晚上，我還在寫最新的講稿。這是全球性的比賽，加上考量疫情改為線上比賽，因此比賽是美西早上六點。我改稿到三更半夜，又擔心起不來，整晚幾乎沒什麼睡，一早起來，我忙著背稿，也沒去看前面幾組的比賽。

前一組簡報時，我們被放到 Zoom 的分組裡練習，練習了一次後，就匆匆被移進主視訊區。突然，我就像是要到一個大禮堂「表演」，但沒看到前面的表演，也沒聽到前面裁判給別人的反饋，一下子，就被「推上舞台」，鎂

光燈打在我臉上，我看不到台下的裁判，也還沒搞清楚觀眾過去 2 個小時看表演的狀況。

我開始簡報，雖然我心裡非常害怕，但畢竟是練習、修改 42 次的簡報，表現外人看起來可圈可點。

接著評審開始提問，果然，提到的題目就是準備好的內容，我知道我們在附錄裡有準備相關的簡報，所以情急下我一邊不專心地回答，一邊急著想找在附錄裡的簡報。整個過程，就像是你去參加「可以看課本的期末考」，雖然每個考題你都知道答案，但你急著想要翻課本找答案，根本沒有好好花時間思考、寫答案，結果時間過完了，你花太多時間找答案、太少時間好好回答，你寫得一點都不好，但其實靜下心來看，每一題你早就知道答案，只要專心，你大可以展現自己的風格、完美解題！

平常一點也不怯場的我，或許因為準備直到最後一刻、沒有先進場感受情況、又缺乏比賽經驗，在那個「鎂光燈打得眼盲的舞台」上，我沒有享受我的「表演」，我只覺得很不舒服，希望快點結束，幾次問答我都沒有專心聽，一聽到關鍵字，就請相關同事回答。

我輸了比賽。我輸在沒有相信自己。我輸在沒有「做自己」（be myself）。我沒有「活在當下」

實 力 開 外 掛

（be present）。我輸在沒有「享受旅程」（enjoy the journey）。我輸在忘了「我已經很好了」（I am good enough）。

當我沮喪地在沙發上哭著跟導師 Robert 說時，他說：「妳沒有『輸』，妳『學習』到了。這兩件事完全不同。成功的這條路上是『學習』累積出來的，只有少少的幾件重要的勝利。」

4

向上管理力

「阿雅，我跟妳說，我這週做了○○○。」新來的屬下眉飛色舞地向我報告他的近況。

我雖然有在聽，但腦海裡一直在尋找「我可以怎麼幫你？」和「哪些事情可以拿去跟大老闆講」的線索。

畢竟，跟我講沒用啊，我知道這些資訊又沒好處。這場會議對我們兩人都有價值的前提，只有「我因為知道你的狀況和困境，可以幫助你」，還有「發現你做得真好，好到可以拿去跟我老闆報告」！

讓老闆聽進去的簡報

所以，每週和老闆一對一會談的簡報，我到底怎麼準備？如何在短短的30分鐘內問出老闆要什麼、讓老闆開心？

我的做法是開一個和老闆專屬的一對一 Google 文件，所有需要跟對方報告、請對方給你資料的事，都用這個檔案。每週開會前，我會寫下一頁以內的報告或議程，在開會前的 48 小時寄給老闆，詢問老闆有沒有其他更在意的議程

要優先討論。如果沒有的話，就根據我的報告順序講，報告會分為 2 個部分：

第一，我需要老闆做的事情

你是不是以為我寫錯了？是跟老闆一對一耶，怎麼會是「要老闆做的事情」呢？沒錯，它的內容包括：「我要老闆做的決定」「我自己要決定的事，但需要老闆給意見、建議、想法」「我需要老闆幫忙的事」「跟隔壁部門老闆說什麼」「我決定了，但需要老闆核准的事」。

一定要盡量從需要對方做的事開始，畢竟這些事如果對方沒做，你的案子就沒辦法推進，況且，誰都不希望自己成為阻礙別人進度的絆腳石，盡早讓對方知道，才能幫助你。

第二，我要跟老闆說的事情

這些事情是我不需要老闆做的，只是需要他知道，我會把「老闆知道後可以拿去跟大老闆邀功」的事情，以及「這件事很嚴重，老闆需要知道，可能大老闆也需要知道」的事情提到前面講。其他我會用 PPP 的方法：

◎**問題（Problem）**：最近發生什麼問題。

◎**計畫（Plan）**：解決問題的計畫，還有推動進度的下一步。

◎**進度（Progress）**：最近我有什麼進度。

進度爲什麼最後才講？進度不是超重要？因爲這些事情如果沒講完，你可以 Email 或寫文件告訴老闆，主要是讓他知道，但並沒有很必要跟他討論。

跟老闆要錢的藝術

「阿雅老師，要怎麼說服老闆給我資源做案子？」粉絲焦慮地問我。

我跟你說，老闆是很想給你錢的。眞的！你想想，如果老闆有機會去跟公司爭取預算，那多了預算，表示部門更趨重要，老闆升遷的機會就變多了，所以他當然也很想要拿到這筆預算，其實他是跟你站在同一陣線上。只是，要是他自己都沒辦法被說服，相信這個案子可以爲公司帶來業績，那他也不敢拿去跟大老闆報告，所以你得幫助他掌握這些資料啊！

要是老闆自己已經有預算，那他也是很想給你錢的，因爲有預算就是要花掉的啊！不然放錢在銀行要做什麼？現在利息這麼低！不花掉的話，要是別的部門出包，預算就被砍了啊！所以，他也是很想給你錢的。但是，爲什麼會有「預算」？就是有預期的回收嘛！就好像你花錢念了名校碩士，就是期待畢業後薪水可以三級跳；你花錢補習，就是希望下次考高分；你花錢剪頭髮，就是希望下次約會有女生喜歡你；你買了排骨便當，就是希望可以吃飽。所以，要是你沒辦法證明這筆預算花掉就會有回收，那當然沒辦法給你錢啊！就

算給了你，也是在害你，因為你拿了錢就是要做事、達標，達不到就可能會被炒魷魚。

我在 eBay 當部門產品長的時候，常去跟老闆 Ariel 要預算，對，就是那個跟小美人魚同名的阿根廷裔帥哥老闆，有次部門在擔心當季業績沒辦法達標，我建議花錢做數據蒐集，這樣可以透過更具針對性的廣告提高廣告定價，但同時我也提報了一些自己沒有想得很清楚的建議，想說要搶預算，就先多講一些囉！ Ariel 一方面很高興，因為正在煩惱業績的大老闆覺得我來「救火」，馬上答應了數據蒐集的專案，但一方面 Ariel 也看出了其他比較爛的點子，他問我：「如果是妳自己的錢，妳會花嗎？」我有點羞愧地搖搖頭，他說：「那就對了！如果妳願意花自己的錢投資這點子，預算就適合花在這裡。」

向上管理不是容易的事情，大概很少有人真的是專家，但你可以從 3 個面向來說服老闆。「說服」不是說說，是你自己要做功課、找資料、估算可能回報，還要真的執行，達到你說可以預期的回報。

第一，算得出來的「好處」

對一個專業經理人來說，花資源，不管是人、時間、錢，甚至是心思，只有一個原因：能為公司帶來好處，我們統稱為「成長」，最常見的就是可以賺錢。

你可以把「成長」想成：為公司帶來價值，這個價值不只是用戶成長，也有可能是業績、用戶、黏著度、信任感、

降低成本等等，都可以算是公司的「成長」。簡單的說就是需要投入多少資源？會有多少好處？你要我花一塊，可以賺幾塊回來？那要怎麼算？就是做投資報酬分析。

　　舉個產品功能的例子好了，比如，你想要說服老闆給你工程師，做一個「Instagram 購物」的功能，就是在 Instagram 上，用戶可以看到產品就直接買。

　　首先，你要證明有客人要這個功能。比如藉由訪問和數據，了解用戶是誰，他們使用產品的體驗過程是怎麼樣，清楚點出現在的用戶痛點，還有指出他們想要這個功能來解決痛點的證據。

　　比如說，早在 Facebook 做二手拍賣的功能之前，大家就在 Facebook 上賣二手家具了，因此可以證明大家已經想要 Facebook 上買賣二手家具的功能。比如說這個網路社群看板不是主流，但研究指出，用戶希望用這個看板，但因為現在太難用，所以就跑掉了。

●好處怎麼算？

　　接著，你要算一下這個產品帶來的好處，比如說，做了「Instagram 購物」的功能可以幫公司帶來多少用戶？多少營收？我們在業界叫它「做一個『商業論證』（Business Case）」。

　　你可能會問我：「我又不通靈，怎麼知道做出來會有多少人用，可以賺多少錢？」

　　嗯，那就臭蓋一下啊。啊～不是啦，我的意思是說，

你可以推算一下啊！比如，現在 Instagram 上面的商店有 10家，平均每家商店一天賣出 10 個商品，現在的方式是他們貼文以後去他們網站上買，所以你就想像以後這些商品都可以在 Instagram 上面結帳，然後每次結帳 Instagram 賺 2 元，那你一天就會賺 200 元，這數學簡單吧！是不是不需要數據分析師？

※　　※　　※

「阿雅老師，如果公司內部沒有相關數據怎麼辦？」

嗯，那就再臭蓋一下啊。啊～不是啦，我的意思是，你也可以打聽一下競爭對手或是有類似功能的網站的現況。

比如說，想要做一個給音樂家的聊天看板，你發現競爭對手類似的音樂家看板比你們多 8 萬名用戶，所以你認為如果做了這個功能，應該可以至少多 1 萬名用戶，而且這 1 萬名用戶黏著度比較高，預估比一般用戶多 20％，因為你看了現在其他音樂家會用的看板的平均黏著度，然後根據用戶數和黏著度，預估廣告可以多賺 100 萬。

當然，這時候你想要說服老闆，所以你肯定會很樂觀，「隨便出個功能就可以賺 100 萬！」但也要小心，因為老闆很可能會同意，然後你的工作就是要達到這 100 萬業績，那如果你沒有，就……來人啊！拖出去。

※　　※　　※

「阿雅老師，雖然我可以估算，但我又不通靈，怎麼知道是多 1 萬、2 萬，還是 3 萬用戶呢？」

那就都寫啊！我的意思是，你可以做 3 個版本，一個是**「保守版本」**，也就是你有將近百分百的信心可以達到的數字，英文我們叫它「Base Case」或是「Base Model」，就是最基本至少可以達到的。

還有**「預估版本」**，就是應該有 50％的機會可以達到這樣的數據，通常這也會在之後拿來做為目標。

然後第三個版本就是**「樂觀版本」**，啊，就是賣「夢」嘛！最好的話，我們可以多賺這麼多錢喔！

其實不會很複雜，通常就是百分比改一下，比如說，保守版本預計增加業績 10％，預估版本是增加 20％、樂觀版本可以增加 30％。當然，要再複雜一點，你可以想想如果想達到樂觀版本，要有哪些條件。

看到這裡，你是不是準備立刻開始算數學，然後衝去跟老闆說要預算？等等！

雖然可以多賺 100 萬，但如果你發現為了做這個功能需要多請一個工程師，一年也要 100 萬，那投資報酬就歸零啦！

所以，當然需要知道成本是多少。於是，你寫了一下產品的計畫和規格，問了工程師，他們說只需要一個人半個月的時間，所以只要 5 萬。因此 5 萬換 100 萬很棒！

●機會成本

看到這裡，你是不是又準備衝去跟老闆說「這個很划算，快給我錢」？等等！

很划算是沒錯，但假設做這個功能需要一個工程師、半個月，而如果這個工程師不做這個功能，可以去做什麼？我們叫它「機會成本」，也就是因為要做這件事不能做別件事而「失去」、所付出的「成本」。

比如做這個功能需要一個「前端工程師」，但現在待辦清單裡頭，沒什麼其他需要「前端工程師」的功能，所以就算你不做這個功能，那個人也沒辦法創造什麼價值。

但是，如果他可以去做另一個功能，然後那個功能可以賺 200 萬，那當然不要做這個 100 萬的啊！

所以，要說服老闆，你還得說出如果不做這個功能，可能這個工程師做別的東西對公司也不會比較好。

●降低風險

「好喔，投資、報酬、機會成本，OK！」你又馬上衝出去。等等！

「阿雅老師，到底有完沒完？！還有什麼？」

不是啊，你剛剛只想到「如果給我錢，我就會『成功』做出這個功能，然後就會賺大錢，耶！」

可是，如果你沒有成功呢？

「阿雅老師，妳不要唱衰我，呸呸呸！」

現實就是，做什麼東西都是有風險的嘛！搞不好工程師

說要半個月，結果做了半年還做不出來。

「阿雅老師，我的問題是要怎麼說服老闆耶！妳怎麼會叫我跟老闆說『這個可能會失敗』？」

首先，提出風險顯示你並不是隨便亂賣點子，是有好好考慮清楚。再來，當你提出風險的時候，也要說明降低風險的方法。

比如你可以想想這個功能有哪些「假說」，以及如何能驗證這些假說。舉例來說，線上聊天看板是給音樂家的，你想做一個他們可以在聊天室開線上演唱會的功能，那你雖然沒有演唱會的功能，但可以先做一個報名表單，看有沒有音樂家填表單，表示願意在聊天室裡開線上演唱會。

還有，你可以列出階段性的目標，建議如果第一階段做不出來，就不再做第二階段等等，降低風險。

●從小到不行的地方開始

不用我說你也大概可以想得到，從小一點的地方做起，風險會比較低。美國電影評論網站「爛番茄」（Rotten Tomatoes）的創辦人 Patrick Lee 說過，成功的祕訣是專注（focus）。如果你做的東西很廣，就好像你是太陽，雖然讓每個地方都陽光普照，但沒辦法像大火一樣烈，可是如果你在陽光下放了放大鏡，把陽光集中，就會起火，但你也不用擔心老闆會覺得沒有影響力，因為如果能「起火」，就能延燒，大幅增加影響力。

Patrick Lee 舉幾個成功的科技公司為例，他們的重點都

只有一個功能，但他們把這個功能做得很好。比如，Twitter
的功能就是讓你公告一小段話、Google 的功能是搜尋，卻
能打敗當時的搜尋引擎龍頭 Yahoo、YouTube 只是看影片卻
讓 Google 拚不過買下來、「爛番茄」的唯一重點功能是大
家對電影的評分。

　　同樣的，很多成功的公司都是從毫不起眼的極小市場
開始，但重點是快速成為該市場龍頭，再將成功經驗複製
到其他市場上。比如，亞馬遜到上市前都還是主要只賣書、
Facebook 是給哈佛學生用的。

　　從很小的地方開始，講清楚最糟會怎麼樣，但是最好能
有多好，然後用真的數據和測試的數據推算出來。比如說，
最糟的話會浪費一個工程師 2 週的時間。這樣老闆也可能會
覺得「最糟也還好」，給你機會試試看。

第二，沒有「算得出來的好處」就要有「戰略價值」

　　「阿雅老師，那如果算不出好處怎麼辦？」

　　那就來人啊，拖出去～不是啦！如果算不出好處，我猜
想，你一定有想做這個案子的理由，最常見的，就是有「戰
略價值」。

　　你是不是立刻把這句寫上簡報，準備把書闔上，等等
啦！再給我 2 分鐘。

　　「戰略價值」不是空話，可以代表的是「這個案子『未
來』會帶來好處，只是現在還算不出來」，也就是說，可以
創造未來的成長和價值。

　　比如說，你想要做一個音樂看板的功能，雖然這功能不賺錢，但會吸引明星歌手，因此他們用了以後會帶來他們的粉絲。

　　也可能，這個功能雖然不賺錢，但會幫助到弱勢族群，可以帶來品牌正面的價值，而正面的品牌能讓公司招募到更好的員工。

　　還有，雖然不會有什麼人用，但因為這個看板很酷，新聞很愛報，因此可以用來增加新聞曝光，而新聞曝光會引來更多用戶。或是，這個看板用戶是國中生，有機會吸引比現在用戶更年輕的族群，增加用戶輪廓的廣度。

　　這時候，了解公司的大方向就很重要了，因為公司肯定有願景、策略、重點成長方向，想想你想做的案子怎麼樣可以幫上忙，能幫忙老闆在意的事情、公司的營運重點，老闆點頭的機率當然就大大增加。

第三，讓老闆「動之以情」

　　我的意思不是要老闆愛上你啦，而是說，如果投資產品沒有好處，也沒有策略、戰略價值，那就只可能是老闆考量到其他原因而說好。

　　舉例來說，這東西擺明了沒價值，但是團隊已經做很久了，怕砍了它影響士氣，所以還是願意投注資源，為了留住人才。

　　或是，這樣的產品在國外越來越流行，雖然看不出立即有什麼價值，但輸人不輸陣，如果能讓老闆覺得「這樣我們

不會輸」，也可能增加老闆點頭的機率。

　　還有，人比較怕失去，沒那麼愛擁有。心理學上的例子是，如果你沒有這些股票，我問你要不要買，你會說：「不要。」但如果你家貓不小心踩了你的鍵盤，你買了股票，我問你要不要賣，你也會說：「不要。」大家比較怕失去，所以你可以想想，不做這個專案會失去些什麼。

　　再來，就是找別的團隊合作，當你的盟友，想想這個投資對他們有什麼好處。

用新創募資簡報法說服老闆

　　其實，說服老闆給你資源跟新創募資是有些類似的，都是希望對方同意給你資源，讓你做自己相信會有回報的事情。跟老闆提議的時候，你可以運用以下幾個新創募資簡報的祕訣：

把「白色大象」先說出來

　　你有沒有過一個經驗，你想跟老闆說什麼，但老闆好像「聽不進去」？老闆有個成見，所以不管你說什麼，他只是在等你講完，好講他想講的這個想法，你在講的過程中，他只是「在等」，等機會反駁你，根本「沒在聽」。

　　那怎麼辦？所以，你要先把他要講的說出來！

　　在英文裡，我們叫這個要被講出來的話題「房間裡的白大象」（white elephant in the room），就是指那種，會議上

大家都知道，卻都不好意思講出來的尷尬話題，但不管先講後講，最後總是得講。

沒錯，我上一本書《追不到夢想就創一個！》裡頭有提過，我跟業務部門的同事吵架，他一直覺得科技團隊表現不好，網站不好用，導致南非市場業績不佳，但科技團隊卻覺得，業績不佳分明就是業務的責任，幾次開會都各說各話。

於是，我跟南非總經理開會的時候，開門見山先說：「我知道你覺得科技團隊表現不好，網站不好用，導致南非市場業績不佳。」接著，我先提出了幾個科技團隊的改進方案，等到他開始願意聽我說話，才提出科技團隊希望業務部門改進的地方。

同樣的，美國創業家 Siqi Chen 過去的創業題目是虛擬實境遊樂場，但其實在 Facebook 推出「元宇宙」之前，虛擬實境已經變不紅了，因為很多人都覺得不好用，要戴那麼大的眼鏡，感覺很孤單，而且戴一下就頭暈，還有一堆線。

所以，當他要跟潛在投資人做募資簡報的時候，與其讓投資人等 Siqi 講完，就為了問他：「過去幾年的虛擬實境公司都不賺錢，你有什麼不同？」他開場就先說：「虛擬實境讓大家失望了。」

什麼？他不是虛擬實境公司，準備要跟大家推銷虛擬實境嗎？！

然後，他接著說：「我的公司解決了這些問題，各位看，你可以在實境遊樂場裡跟朋友虛擬擊掌，還可以在虛擬空間翻滾、狂奔。」

　　接著，他放了一張簡報，是他們的業績，看起來好長一段時間業績線都是平的，沒有成長。於是開頭他就講：「你可能會想，這一大段都沒有成長。」接著他說：「其實那條平平的線，代表的是我們每家店每天都客滿了！」

　　同樣的，我在跟新創導師 Gita Sjahrir-Wright 開會的時候，跟她分享我的租衣訂閱新創公司，訴苦自己遇到的困境，我說：「很多年紀很大的投資人覺得自己都是訂做西裝，不可能去租衣服。但是現在年輕人特別能接受共享經濟又支持環保，早就不覺得需要擁有每樣東西了。而且因為社群媒體，他們都很愛漂亮，喜歡嘗試不同的造型！」

　　Gita 說，那妳在開頭就要說：「以前我們覺得一件訂做衣服就可以穿很久了，怎麼可能會需要租衣訂閱服務！但你知道嗎？現在的年輕人啊，因為每天都在 Instagram 貼自拍，很愛漂亮，又相當能接受 Uber、Netflix 之類的共享經濟，覺得東西只要能夠體驗，不一定要擁有。」

　　沒錯，跟〈衝突因應力〉章節提到的一樣，和老闆開會，先講出老闆的顧慮和想法，才能找到共同的起點，老闆也才會開始聆聽你要講的東西。

說故事引人入勝

　　很多人都說，要讓別人聽你說話要說故事，但上班談公事是要怎麼講故事啦！唉呀，可以的。當你想要老闆給你資源做什麼事情，肯定是因為你發覺現況不夠好，如果有錢、有人、有時間，可能就有機會改變現況。

　　所以，你要先讓老闆進入現況的故事裡，這樣他就會自己浮現可能的解決方案，然後你「剛好」又準備了解決方案，就像是你讀了老闆的心一樣，老闆當然馬上說好！

　　創業家 Siqi 分享過一個創業簡報，簡報人說：「我有一次想要 DIY 裝修自己家，結果你知道嗎？我總共去了 5、6 家店，看了幾十個網站，花了 1 個月才買齊各類材料，還採購了各式各樣我裝修過後再也不會用的工具，還沒開始裝修，我就累壞了！」

　　這時候，你是不是腦海裡已經出現了解決方案，「要是有個服務可以幫我把所有材料都買好寄給我，還可以租工具就好了！」沒錯，當你說故事，清楚解釋現在的困境，解答似乎就呼之欲出了！

　　同樣的，說故事給你的老闆聽，帶他走進場景，但是切記，不要把時間全部花光在「問題」上，記得一定要留時間給「解答」！

激起好奇心

　　剛剛跟你說完了故事，你是不是覺得很酷，但又同時覺得有些好奇：如果這麼玄，怎麼之前沒有人做？

　　回到剛剛虛擬實境遊樂場的例子，Siqi 講完了虛擬實境為什麼以前做不起來、他的遊樂場為什麼特別好，他接著說：「你是不是好奇，那我們為什麼可以做到？」

　　「因為這幾年來，科技進步了。」接著他就講了 3 種新科技。

　　就跟追劇的時候你會忍不住看下去，因爲好奇男女主角最後會不會在一起一樣，激起老闆的好奇心是很重要的。就像 Siqi 說的，只要對方聽完你的簡報，覺得「很有趣」，或是認爲「有學到東西」，那你就成功一半了，因爲不管對方當下有沒有點頭說好，至少他覺得這個會議有值得自己的時間。當你激起老闆的好奇心，他就會覺得「有趣」或是「有學到東西」，那你就離老闆點頭更近了一點。

創造驚喜

　　就像看劇的時候一樣，如果一開始就知道誰是壞人，好像就不那麼好看了。就算已經知道兇手是誰，你也會想要有峰迴路轉，一陣猜測後結果「搭拉！原來是他！」的驚喜。跟老闆簡報或提議的時候也是如此。

　　就好像你在家看購物頻道，已經覺得主持人賣得差不多了，突然，他跟你說，接下來 5 分鐘買一送一，你就在小驚喜之中荷包失血了。

　　那要怎麼把像看劇一樣著迷的驚喜拿來應用在說服老闆上呢？

　　以共享理髮店新創公司 ShearShare 爲例，它的構想是美髮設計師可以即時找到空置的美容院座位，租用「座椅」並約客人在別人的美容院剪頭髮。聽到這樣的構想後，你才在想「哇，這聽起來不錯，但眞的可行嗎？」的時候，對方又說：「我們做了一個小測試，結果，85%的人都有再次預約！」

　　另外，以剛剛虛擬實境遊樂場的新創為例，當你正在想「啊是很酷，但就是個小店」的時候，他展示了一個想像的未來圖，虛擬實境遊樂場就像是新型態的電影院和商城一樣，激起你彷彿要去迪士尼的期待感。

　　或者再舉美國拉麵販賣機新創 Yokai Express 的例子，當對方講完辦公室有拉麵販賣機，你已經覺得有點餓的時候，接著又聽到他們正在研發家庭用拉麵機，再次讓你有驚喜感。

　　以我的新創公司 Taelor 為例，當我說完了「男生付月費，我們會幫他們搭配穿搭，接著每個月寄 8 件衣服給他，他穿完不用洗、寄回來、換下一個盒子」，你才在想「嗯，還滿有趣」的時候，我又說，除了賣給消費者之外，我們日後也想跟企業合作，「像我們剛跟 Google 談，他們答應會把我們的服務當成公司的員工福利」。當你想轉台的時候，馬上再給你一個驚喜！

　　一開始先主動解答老闆的擔心，接著算出投資報酬率、擬定降低風險的方法、提供戰略價值，另外「動之以情」，並用新創募資簡報法說故事、激起好奇心、創造驚喜等技巧，都是讓老闆點頭的方法。這個過程中也可以幫助你想清楚，這是否真的是個好點子，也或許你會發現其他更有價值的專案！

用創業家募資的方式做計畫

向上管理的一部分就是「做計畫，跟老闆提議」，老闆最不喜歡那些「我說一，你做一」的人。對啦，老闆當然喜歡叫你做什麼你就做，但是這樣的事情不多嘛！很多時候，你都需要自己舉一反三、思考，甚至站在老闆的角度考慮該做些什麼事，所以擬定計畫是很重要的實力。我擔任創業家後，發現跟投資人募資的方式、跟我在大公司向老闆做計畫簡報的方法其實非常相似。募資因為新創公司風險更高，計畫的簡報又更厲害一些，所以讓我用創業家的募資計畫教你做給老闆的企畫吧！

計畫的項目

1. 執行摘要（Executive Summary）

到底你要解決什麼問題，為什麼解決這個問題很重要、能賺錢？老闆都很忙，用一句話或一頁簡報，先講出最重要的事。

2. 目標對象（Target Audience）

你要做這個產品、案子、服務，是為了誰？哪個分眾的顧客？公司裡的哪個部門？

3. 解決困境及產品概念（People Problem & Product Concept）

這邊我用「產品」泛指你要跟老闆提議的計畫、服務或

推出的產品，反正就是你為什麼要做這件事？是為了解決什麼困境？有什麼證據證明這個問題需要被解決、這個產品會成功？很多人都忽略了「要解決困境」這一塊，一心只想講自己的點子，但聽的人卻不知道你到底要解決什麼問題。

其實，當問題講得很清楚，解決方法就呼之欲出。就像上文提過「DIY 裝修要跑很多店買工具，買了以後又不常用」的痛點，即使沒說出產品概念，你大概也猜到他的創業點子：「可以一次買齊所有材料的一站式網站，還能租工具」。就像我的新創男裝租賃平台 Taelor，我說：「忙碌的年輕男性想穿得好看一點，或不要總是穿一樣，但不知道該怎麼穿搭，也懶得逛街、洗衣服。」當我說出「Taelor 會員每月可穿 8 件衣服，穿搭師和人工智慧幫你穿搭，衣服寄給你，穿完不用洗，寄回來換下一個盒子」，你就會覺得很合理。

4. 商業模式（Business Model）

你打算怎麼把投資的錢賺回來？這在企業裡頭指的是你產品上線後要怎麼獲利？如果不是立即變現的計畫，則表示你要如何回收這個投資的報酬？如果是計畫進入新市場、新產品、新部門，可以加入市場大小（Market Size），確定你的計畫想要解決的問題有足夠的市場規模。

5. 風險（Risk）

　　能夠分析、認出風險，顯示你對計畫的深思熟慮。哪些假說還沒驗證？用在這個計畫上的資源可能可以挪作其他哪些使用？下一步會是什麼？要預算的計畫就是投資，一定有風險，你能夠點出風險才能事先降低風險，並顯示你對這個計畫的客觀評估。而且要是沒說出風險，以後出事可是你的問題；事先點出計畫裡的風險，老闆還是答應，那就是他的責任啦！

6. 藍圖（Roadmap）

　　藍圖絕對不只是流水帳，把要做的事情全部列一列，更重要的是每個階段對下一個階段都有策略性的影響。前Facebook 產品副總 Deborah Liu 說過：「一個 2 年藍圖，絕對不是把任意 4 個 6 個月的藍圖接在一起而已。」你必須知道，現在這 6 個月做完之後，為什麼可以策略性地讓接下來6 個月的藍圖能執行。

　　舉例來說，我的男裝租賃平台 Taelor 剛開始創立社群媒體粉專的時候，想要下廣告，但要是粉專沒有一些內容，下了廣告，顧客肯定會覺得我們是詐騙，那如果要寫內容，就要先定義粉專的目標、讀者、內容方向等。所以我們就做了以下計畫：

圖表 4-1　**Taelor 創立社群媒體粉專的計畫**

里程碑	定義社群媒體的目標受眾和通路策略	建置粉專、開始貼文	下廣告
目標	了解我們要吸引什麼樣的讀者，定義目的	得到一些粉絲	得到網站的流量
做完就可以 ...	知道要貼什麼樣的內容	大家知道我們不是詐騙	得到顧客

　　用一樣的道理，放到公司的層級時，我也可以用公司里程碑來設計藍圖，像是預購階段、試營運、正式推出等。

圖表 4-2　**Taelor 產品和行銷藍圖**

里程碑	開放預購	試營運	正式推出
目的	證明有人想要這樣的服務	測試營運和物流	測試規畫的營運、物流、科技
產品	行銷頁面	顧客網站	顧客 App、內部營運軟體
行銷	社群媒體粉專	社群媒體粉專與內容	付費廣告
衣服	不需要	買一些來試營運	由合作的衣服品牌商提供

　　或是以我做 Facebook 購物產品為例，我的藍圖是依照服務的客群分階段，像是給零售公司在 Facebook 上賣東西的時候只需要商品清單和結帳的功能，但若是要讓網紅賣品牌的東西，像是喬丹賣 Nike 鞋，就需要讓品牌可以分享商品清單給網紅的功能，或是如果以後想要讓新聞媒體貼文時，可以直接連結品牌的商品，就需要分潤機制。

表 4-3　**依照服務客群分階段的藍圖**

賣家	零售	網紅	媒體
產品功能	可以直接購買的貼文＋結帳功能	可以直接購買的貼文＋結帳功能＋零售分享產品清單給網紅的功能	可以直接購買的貼文＋結帳功能＋零售分享產品清單給網紅的功能＋分潤模式
可以購買的貼文型態	照片、影片	照片、影片＋直播	照片、影片、直播＋文章

表 4-4　**產品在不同藍圖階段對不同受眾的價值**

賣家	零售	網紅	媒體
賣家使用情境例子	Nike 貼文賣鞋	喬丹賣他的 Nike 聯名球鞋	ESPN 賣喬丹 Nike 聯名球鞋
對賣家的價值	取得新顧客	跟粉絲互動，以及從粉絲賺取營收	證明新聞及廣告對廣告主營收有直接影響
對買家的價值	找到好商品	表達對偶像的愛和身為粉絲的驕傲	透過有品質的媒體找到適合的商品

　　做藍圖的時候，記得確認你的產品可以帶給每個階段服務的顧客或用戶價值。還有，記得讓每個階段都有具體產出和報酬，不然沒有產出就沒辦法有顧客的反饋，搞不好做了一個根本沒有人需要的計畫，而且如果沒有報酬，公司肯定沒有耐心一直投資下去。

溝通計畫的方法

　　有了以上這些資料，我建議用「說人話」的方式跟老闆提案，別把上面枯燥的資訊直接提出來。你可以這樣說：

1. 上次開會公司說我們的策略和目標是 ....，另外我們部門的策略和目標是 ....。
2. 根據這些策略，我的點子是 ....。
3. 會用我這個產品（服務、專案）的顧客（用戶、消費者、客戶、同事）是 ....。
4. 這些人現在的困境是 ....，他們想要完成的任務是 ....。
5. 現在這些人解決困境的方法是 ....。
6. 跟他們現在的體驗比起來，我的解決方案比較好，因為他們可以獲得的好處包括 ....。
7. 我的執行細節是 ....，這些人在 .... 的情況下，會做 ....，然後他們會得到 ....。
8. 這個計畫對公司很好，因為我們可以賺錢或是有 .... 的好處。

9. 這個計畫首批的對象是 ....，接著可以擴展到 ....，我們還可以跟 .... 合作。

10. 我們可以打敗競爭對手，因為我們的強項和競爭優勢是 ....。

11. 當然，要成功的話，要驗證的關鍵假說是 ....。

12. 我已先問過 ....、測試過 ....、看過 .... 報告，有證據支持這個假說，我也訪談過 ....，他們說 ....。

13. 這個計畫需要的資源是 ....。

14. 我們可以從 .... 開始，未來三個月，我的計畫是 ....，目標是 ....，評估指標是 ....。

15. 我需要老闆幫忙的是 ....。

成為跟老闆對頻的愛將

我聽到你要的是這樣，對嗎？

「Eric，我覺得下一季的計畫應該要轉方向 ....。」我跟在 Facebook 時的行銷屬下說明對他的期待，Eric Cheung 是史丹佛、加州大學柏克萊校區的高材生，在投資銀行工作過，到 eBay 時在我團隊上擔任產品經理，後來又跟我到 Facebook 做行銷。我總覺得他根本就是 Facebook 創辦人等級的天才。但不只是天才，他還是我最愛的屬下之一。

一週後，Eric 找我，「Anya，妳上週跟我說 ....，對嗎？」他還沒跟我報告他的進度，倒是先摘要了一次我上週

跟他說的事情。

「嗯，是沒錯，但我要講的重點是 ....。」我覺得九成是正確的，但感覺他似乎稍微抓錯重點，所以又釐清了一下我的想法。

「沒問題，跟我的了解是一致的，根據妳的指示，我想了一下，做了個計畫，是這樣的 ....。」

其實大多數的人做不到老闆想要的事情，是因為根本沒聽清楚，或是老闆根本沒想清楚、講清楚，但是屬下又不敢問清楚，只好蒙著頭亂做，當然做出來皆大不歡喜！

如果老闆想要你去東邊，你卻偏偏往西邊走，就會造成你做得越多，離對方的需求越遠。所以在走遠以前，先搞清楚方向吧！

要搞清楚方向，最簡單的就是重複你聽到的，一來可以讓老闆不要再囉唆，因為要是他知道你聽懂了就不會再講，二來可以確認你的認知，跟他要傳達的是一致的，特別是你摘要到的重點是他覺得重要的。這個方法其實不只是用在上司，跟同事之間的溝通也很實用。

你覺得我做得怎麼樣？

Eric 來找我一對一開會，跟他開會很輕鬆，因為我只要出席就好了，他會準備好要我幫忙的事情、他工作的進度，我都不用準備議程就能肯定會議可以很有效率。

「妳覺得我做得如何？哪些事情很好？哪些事情可以加強？」我愣了一下，因為他應該是團隊上最強的成員了，

竟然還主動問我哪些地方可以加強。我們都知道反饋和改進的重要，但其實，我們也都很害怕問別人反饋，總覺得很擔心聽到自己不好，會心情很差！面對現實真的很難啊！但其實不管是誰，再優秀也是有強項和缺點，即使是老闆，通常如果屬下不是真的做得很爛，也會盡量不提壞事，但就算不提，心裡也知道他可以改進的地方，如果屬下主動問，老闆就會說，那他就會進步、成長。所以，克服你的心理障礙，主動問吧！

讓我替你著想

「Anya，我聽說隔壁部門好像換策略了，我覺得妳可以跟他們大老闆約個時間開會，聽看看他們的新方向，這樣妳搞不好可以在新的專案上嶄露頭角。」Eric 跟我建議。同樣的，我在麥當勞的時候，有個屬下 Brian Clark，他是個超高的美國人，幽默又講義氣，不分部門，同仁都很喜歡他，經常跟他分享內情，他說：「Anya，聽說隔壁部門產品做壞了，可能會預算超支，我們這邊的預算看要不要做人情，主動幫他們。或是趕快花掉，不然上級可能會指示砍掉去協助他們。」

坦白說，了解一級主管之間的風向，應該是我身為主管的工作，但他們卻主動觀察，幫我找到機會。當屬下站在你的角度想，你肯定對這樣的屬下多一份信任和肯定，下次有升遷機會，當然第一個想到他！

做小事？沒問題！

「Eric，不好意思，下週要進行公司年度計畫，但大家怕開會整天很累，中間想準備個小遊戲，但沒人願意弄，你可以幫忙嗎？」我知道這是雜事，有些不好意思。「反正就是殺時間，隨便弄個小遊戲就好啦！」我怕他太忙，趕緊又補充了一下。

「沒問題，包在我身上！」他說。

1週後，因為我們是 Facebook 的全球上網計畫團隊，Eric 找了一些關於全球網路的現況，做成小組搶答的遊戲，最後還送了大家一人一本相關的書《真確》，提醒大家扭轉直覺偏誤，把世界帶向更好的地方。大家全體鼓掌，覺得遊戲既好玩，又有意義。

「剛剛帶遊戲那個人是誰？他活動帶得很好耶！」副總特地來問我。對的，即使只是小事，也是一個讓團隊刮目相看的機會！

知道自己在哪個位子上

吉姆的同事氣呼呼地跟吉姆談心兼抱怨：「那兩個屬下做不好，主廚說他會處理，別的部門像這種事都是我這樣的副廚在做，主廚幹麼不讓我負責？！」接著他又轉頭跟其他同事說：「做沙拉？這種簡單的你們做就好，我已經是副廚了！下次要設計菜單再叫我！」旁邊的同仁露出白眼。

沒經驗與有經驗的同仁差別之一，就是他們急著表現，有經驗的同仁因為對自己的能力有信心，通常比較沉穩——

「要我出馬？沒問題！不需要我？也很好！反正我就在這，隨時可以出動！」受到肯定，當然很棒，但也容易自我膨脹，你得清楚知道自己在哪個位子上，團隊本來就需要副手、需要助攻，不可能每個人都做最「重要」的事情，扮演好自己的角色，機會隨時都是你的！

給老闆鼓勵

在〈溝通力〉這一章我曾提到「以為老闆不愛我，但其實根本就沒那回事的內心小劇場」的故事。事實上，不論你在哪個職涯階段，這種「自我懷疑」是每個人都有的，包括你的老闆。所以，如果你覺得自己的老闆某些事情做得很好，跟他說「Good job!」，這樣他才會繼續做你覺得很好的事情，也才能成為更好的上司。但記得也要同樣鼓勵你做得很好的同事和屬下，這樣大家才不會覺得你只會跟老闆拍馬屁喔！

實力開外掛

計畫的黃金比例

不要被標題騙了，哪有這麼神！如果我都知道哪個計畫老闆最愛、最賺錢，我就發了！但是，讓我來分享我做計畫的小訣竅。

首先，我會先看一下公司的策略和目標、部門的策略和目標、公司給我的目標。為什麼不只看自己的目標？因為能夠幫助公司的目標當然比自己的目標更重要，但是如果自己的目標達不到，就什麼都不用說了，所以每個都要了解清楚。然後我會把 50％的資源花在一定可以達成這些目標的專案上。

哇，只有 50％，那其他呢？我會把 10％的資源花在可以拿出來做宣傳的案子，比如說，我做美國第二大零售 Target 的電商 App 的時候，其實多數資源都花在修當機、重寫舊的程式碼、重建我們的支付結帳系統等。其實只有一小部分的資源花在「Instagram 購物」的功能上，就是用戶可以在 Target 的 App，看到 Instagram 上有人標注的 Target 商品。在當年連 Instagram 自己都沒有的購物功能，這可是非常先進的酷點子，雖然只有一小部分的資源，但是在做行銷的時候，大家都記得我們部門做了

實力開外掛

「Instagram 購物」的功能，廣告也主打這個功能，畢竟廣告總不好說「我們把當機修好了」吧！但是其實，這個功能之所以能帶來業績，就是因為背後我們花了 50％的資源在修當機問題、重寫舊程式碼等可以達成這些目標的專案上。

接著，再把 10％的資源花在風險性比較高的案子（Big Bet），就是那種賭一把的，要是成了，可能業績會飆漲的案子。還有 10％的資源花在讓工作更有效率上，以工程師為例，就是移除過去的技術負債（Tech Debt），技術負債就是工程師為了搶快，還沒時間好好做，如果不修，以後開發功能會越來越慢的事情。以記者為例，就是整理過去採訪過的名單，這樣下回再次採訪就可以很快找到對的消息來源。以行銷為例，就是更新用戶訪談結果，這樣下次做行銷計畫才能根據最新的用戶洞察。

「阿雅老師，妳數學不好耶！還剩下 20％勒？」唉呀，你好棒棒，觀察力十足！你上週說要完成的事情都做完了嗎？上個月老闆是不是突然要你加做一件事？你想說只要花 3 天的事情，後來是不是多花了 5 天？你想說廠商應該只要這些錢就可以做好，但後來因為某個原因又要追加預算？客戶突然又緊急追加一個要求？對嘛！如果你沒有留 20％，那你預算就超支、專案就延遲啦！

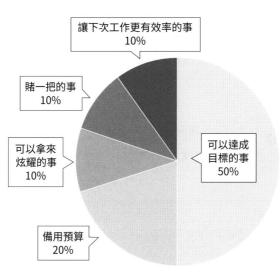

計畫的黃金比例

讓下次工作更有效率的事
10%

賭一把的事
10%

可以拿來
炫耀的事
10%

可以達成
目標的事
50%

備用預算
20%

5

領導力

小文（化名）是個學歷很漂亮的碩士學生，面試的時候，當我問起專業問題，他也回答得很好，感覺是個積極向上的人。

但不知道為什麼，身為面試官，我在面試的過程中就是不太喜歡他，總覺得他的態度和價值上好像哪裡跟我的團隊不合，但我也說不上來為什麼。

我有些猶豫，畢竟從學歷、問題的應答來說，他都挺符合職缺需求。我想，大概是我嫉妒他年輕就這麼優秀吧！於是我對自己說：「我要客觀一點，不要因為情緒影響雇用。」

我收了他。

文化與團隊契合跟能力一樣重要

後來我請小文寫自我介紹跟大家打招呼的時候，他只寫了自己的豐功偉業，卻忘了說「很期待跟大家合作」等等的問好。

幾乎沒工作經驗的他，做的報告遠低於業界的品質，

「不過也沒關係，我教他一下就好了。」我想。

我開始給他反饋，希望他調整報告。沒想到，他不願意做修改，不高興地大聲說：「我覺得這樣很好，我已經花很多時間了！」但其實那只是我第一次看到報告而已，根本還沒有請他調整過任何內容。接下來的幾個月，雖然不能說小文沒有貢獻，但他做的報告，由於多半缺了團隊看過報告後能採取什麼行動的內容，所以同事聽完都只是放進資料夾，鮮少有人因為他的報告而做出具影響力的行動。

小文離職時，交接出了問題，所有的數據全消失，當同事和小文聯繫時，他只冷冷地說：「不要再聯繫我了！」在同事眼裡，他似乎一點都不在乎公司、同事，也不在意自己辛苦做的報告是否真正帶來影響力。

相信自己的感覺

我錯了！我發現，早在面試那半個小時，自己就知道會有這一天，卻還是錄取小文。我輕忽了「態度」和「能力」一樣重要，也沒有相信自己的第六感。回頭看，雇用他，就是錯誤的決定。

小文在團隊表現失敗，或許是我領導他時，做得不夠好；也可能是團隊給他太少需要的資訊；或者是公司環境和制度無法讓他表現最好的自己。但不管是誰的錯，我似乎早就知道他不會是適合的人選。

身為主管的你，大概都不是第一天出社會。會成為主管是有原因的，不管是你的經驗、專業、人脈、態度，也不論

你是創業家或是在公司得到升遷，今天之所以能當主管，是累積、打拚來的。

所以要相信自己的判斷，畢竟，面試當天通常已經是應徵工作者表現最好的一天了，如果那天你還不能覺得對方很好，接下來的 2、3 年，大概就沒辦法好好跟這個人一起共事了。

把客觀交給制度

當然，我不是說「客觀」是壞事。在美國大企業，有很多預防偏見的機制，是我覺得所有公司都應該學習的，比如說，美國的履歷是不需要放照片、生日、國籍、出生地、性別、地址的，甚至有些公司連名字都會用系統遮起來。因為這些都可能是導致偏見的原因，像是你可能因為這個人的外貌、膚色、年紀、性別，以及他住的是不是高級區域，而有所偏見。

舉例來說，我寫履歷是不會放畢業年份或是中文名字拼音的，因為我不想要任何人覺得我太老或太年輕，也不希望有人因為我是亞洲人而抱持偏見。

前陣子，有個粉絲請我幫忙看他在求職系統上準備寫的資料，我驚訝地發現不少亞洲公司甚至還在問「你父母叫什麼名字、父母的出生年月日」，真是太不可思議了，如果你想要找到符合這個時代的優秀人才，先從要求公司人資系統進步開始吧！

另外，美國企業多半有「多元條款」，多元條款並不是

指一定要收非裔美國人、亞洲人或是女性等少數族群。而是如果部門有某個族群特別少的問題，那在面試的最後一關，一定要有一個少數族群的候選人。舉例來說，工程部門的非裔美國人特別少，那最後一關就要有個非裔美國人的候選人；行銷部門的男性特別少，那最後一關就必須有個男性候選人；主管階級女性特別少，最後一關就要有女性候選人。

注意，這不代表公司一定要錄取少數族群，只表示，公司會一直面試少數族群的人，直到當中有一個少數族群能面試到最後一關，也就是說，最後一輪的幾個候選人中，一定要有一個少數族群。

近年，許多大公司也都會採用案例考試的面試方法，也是希望不要只用「你以前做過什麼」來評斷「你以後能做些什麼」，而是用案例考試了解你到底有沒有能力做。比如說，考官會問你：「如果你是 Google 地圖的產品經理，會開發什麼功能？怎麼決定？」而不是問你：「你是否做過產品策略、用戶調查、競爭者分析、產品藍圖，也擬過產品目標，還會把功能的優先次序做排列？」

所以，把「客觀」的事情交給制度，如果公司沒有這樣的制度，推動它吧！然後面試候選人的時候，就相信自己的感覺吧！

你招的不是一個職員，是一個能贏的團隊

「他沒有什麼產品經理的經驗，妳確定他可以？」總經理問我。

當時我正在 eBay 招募產品團隊，我發現 eBay 很著重每季財務狀況，只要廣告業績達標，團隊自由度就很高，資源也充足，大可花時間好好了解消費者需求、提升用戶體驗。但相反的，如果廣告業績沒達標，整個部門會雞飛狗跳，所有人都在急救火。

我知道我們需要一個能著重在業績達標的產品經理，我聯繫了讀西北大學時的同學 Raymond Hsu，當時他雖然在數位產品管理上的經驗並不多，但擁有非常豐富的工作經驗、對數字很敏感，也對能直接影響業績的廣告產品很有興趣。

就這樣，Raymond 成了我們廣告產品的產品經理，很快的，他就找出可能增加業績的幾個方法、整頓了廣告科技，甚至改變組織架構，我們的業績也急起直追。

同一時間，我又跟總經理要求招募另一個產品經理 Hernan Alcerreca。

「他是行銷人出身，不是產品經理常見的工程背景，妳確定？而且妳要一個住在澳洲的墨西哥人搬到矽谷？」總經理又問我。

我發現，eBay 新興市場有大半業績在墨西哥，但科技團隊裡沒有任何人對墨西哥市場有深入了解，且感興趣，全靠當地業務同事有一搭、沒一搭地報告市場狀況。再加上當地發展需要轉型，了解用戶及市場調查等工作，舉足輕重。另外，團隊上已經有的產品經理們，都是對數字很敏感的人，但他們偏理性，對於深入了解用戶體驗缺乏耐心，創意也不足，因此團隊上缺的正是一個感性、有創意又了解

墨西哥消費者的人。背後的小故事是，當時還沒有疫情，很少有公司會視訊面試候選人就錄取對方，但因為 Hernan 住在澳洲，我們主要透過視訊面試，面試前他進了洗手間，沒想到門卡住了，怎麼樣都出不來，手機也不在身上，他試著開鎖、踹門、求救，都沒有效，急得像熱鍋上的螞蟻，最後一刻他總算破門而出，滿頭大汗衝到電腦前，假裝一切都沒事，成功地完成了跟我的面試。

果然，Hernan 成了 eBay 墨西哥轉型的重要推手，團隊合作讓 eBay 在墨西哥的業績雙倍成長，遠高於全公司的個位數成長，甚至連 eBay 全球執行長都到當地拜訪。

招募的過程中要記得，你像是籃球教練一樣，你的目標不是找來一堆能投三分球的人，而是組織一支能贏的球隊。因此，你得看團隊當前因為競爭對手、市場趨勢，缺什麼樣的人才，比如你已經有四個很會防守的人，但沒有人擅長投籃，這時球隊需要的，當然是得分高手。但如果球隊上每個人都已經是三分球高手，你大概就需要一個搶籃板和防守型球員。

你要招募的不是「明星賽球隊」，而是「冠軍賽球隊」。明星賽的球隊裡雖然每個球員都技高一籌，但團隊本身沒默契、無法互補，通常整體來說會打得很爛。但冠軍賽球隊裡，雖然不是每個球員都是明星球員，但整體的團隊長才符合團隊的策略，彼此合作、互補，因此能拿下冠軍。

就像拼拼圖一樣，開始招募人之前，你得先想，團隊需要哪些技能，現在的團隊成員裡，哪些人已經有了？還缺什

麼？再者，新進成員跟其他人合得來嗎？公司、產業的走向是什麼，這些人一年後還會是適合的員工嗎？

別期待員工改缺點，把他們安排在用不到缺點的位子就好

「妳要在 10 個月內做一支 App，一天要有 100 萬美元業績，而且現在這個團隊還不存在，妳要自己招募。」我在 Target 的老闆跟我說。

當時我心急如焚，因為在矽谷，優秀的人不是想進 Google、Facebook，就是想去新創公司，誰會想要進零售公司啊？！但我的時間緊迫，心想：「不能快點找到人，哪可能做好 App，更別說一天賺 100 萬啦！再說，要是全組都是新人，恐怕也要一些時日才能上手呢！如果能有內部轉調的人就太好了。」

後來在明尼蘇達的同事跟我說：「我團隊有個工程師可以轉調到妳那裡。」

「那太好了！」我心想，同事人真好，願意讓自己的屬下轉調。

「隔壁部門的工程經理要過來我們這！」我開心地跟團隊上的產品經理說。

「什麼？聽說他很糟糕，他們那組巴不得把他弄走，過去幾個月他們還故意『冷凍』他，只讓他修故障！」產品經理臉一沉地說。

糟糕，我該怎麼辦？要是回頭跟我那位同事說「你騙

我！」，可能會打壞關係，但要是收了糟糕的人到團隊，就先輸在起跑點啦！還是我要去跟老闆告狀？

在做決定之前，我先跟這位工程經理及所有和他合作過的人聊，我發現他在工程領域其實經驗滿豐富的，但在時程管理上表現不佳。

因此我找了一個專案經理跟他一組，讓他完全不用管時程，可以全心專注在解決技術問題，同時我找他一起去跟高階主管開會。

說到這，你大概會問我：「阿雅老師，妳帶『黑牌』員工去跟老闆開會，妳瘋了嗎？！」

但我想，他的技術經驗很夠，要是可以多了解公司的策略，或許更能發揮他的專長。

後來，他果然成為 Target App 拿下 10 多個大獎的重要推手。

我在過去 10 年的領導經驗中發現，每個人都有自己的優缺點，但要一個人改善自己的缺點是非常難的，你可以做的，是把人放在可以善用自己優點的位子上，至於不擅長的事情就交給其他專精該件事的人，這樣一來，就會創造一個團隊成員都能互助的環境。

用會議和文件架構幫助自己和團隊更有產出

我過去在不少大公司工作，每個主管、公司都有自己的領導方式，但有些我覺得很受用，跟你分享幾個小故事！

「了解你」會議及歡迎文件

我緊張又興奮地走向座位，那是我第一天在 Target 工作，位子上已經有張海報，上頭寫著「歡迎！」，還有全部同事的簽名和歡迎話語。老闆提醒我：「第一個和同事開的會議，一定要問問他們工作以外的事情、了解他們的處事風格，以及最討厭別的同事對他做什麼事情，因為以後的會議你們都會直接切入重點，討論專案。這是妳認識他們的唯一機會！」

在 Target，我們叫它「了解你」（GTKY）會議，也就是英文 Get To Know You 的簡稱。

雖然我覺得這樣的會議在 Target 有些濫用，感覺每天都有人約我「了解你」，但我倒很認同，第一次開會，真的是除了下班和同事應酬、中午跟同事吃飯以外，唯一認識同事的機會，而且每個人的風格不同，如果能夠提早了解大家的喜好，就能更有效率地進入狀況。

時間再快轉到我在 Facebook 上任的第一天，老闆跟我約了一對一會議，面談前，她已經整理好了一個「一對一Google 文件」，她說這是我們倆的文件，以後一對一開會前，彼此可以把要講的事情寫在這個文件上，要給彼此的檔案也可以連結到這個文件上。

上頭她先寫了新人訓練的事項，包括我的職責、目標、目前專案的進度與相關文件，以及我需要認識的同仁及他們的角色。同時，也讓我知道她的領導風格與希望的溝通方式，比如什麼時候寫電子郵件、什麼時間可以傳簡訊給她。

她還問了我喜歡的做事風格及溝通方式。我要跟老闆報告的事情，也可以寫在上面，這是很有效率的溝通方式。

背景資訊是這樣的

「可以請你跑一份這個月的業績報告嗎？今天就要。」eBay 隔壁部門同事對我的屬下說。

「沒辦法喔！做這種報告至少要一個禮拜！」屬下似乎根本沒想就拒絕了。

「請問爲什麼今天就要？是什麼場合需要呢？」我原本在一旁吃蛋捲，把屑屑撥了撥，走過去插話問。

「喔，老闆明天要做會報，主題是墨西哥的房屋買賣市場很好，他想起最近墨西哥的用戶數好像也有大幅成長，想說準備一下資料，或許有機會要求副總撥預算來加一個墨西哥市場的工程團隊，我們可以共用。」隔壁部門同事解釋。

「這樣啊，那當然是好事！聽起來只要墨西哥房屋買賣市場的用戶數，如果不需要最新數據的話，我們 2 週前做了一份相關的數據報告，那傳這份報告給你，好嗎？」我問。

「喔，這樣的話我現在傳，馬上好。另外我們之前有查過工程團隊需要的預算金額，我一起給你。」屬下說。

隔壁部門同事和屬下都開心收場。

要求屬下或同事做事，給原因和背景資料很重要，記得向他們傳達你的動機是什麼，並且直接告訴他們，你認爲做某件事可以達成這個動機和目的，但更希望他們能幫忙想想怎麼樣會更好。

輪流當領袖 & 謝謝時間

　　「今天的會議，我是領袖。」Facebook 的科技團隊會議上，這週的領袖是我們的初階軟體工程師，他穿著 Facebook 的藍色 T 恤，是大學剛畢業沒多久的新人，主持起會議來聲音還有點顫抖。

　　「首先，是我們的『謝謝時間』，請大家說一個過去一週想要謝謝的同事。」大家開始一人一句很快速地分享，現場氣氛頓時熱絡了起來，畢竟誰不想要被感謝呢？

　　「我們這一季的目標是 …………，根據目標，這週的用戶數似乎稍微下滑……」初階軟體工程師雖不是很熟練，但看得出來有為了會議準備了一下，畢竟這是每週固定的議程，因此領袖只要照著議程就可以主持會議。

　　自己主持會議會比輪流讓同事當主持人順暢，但讓同事都輪流當領袖，大家會有同理心，知道主持會議並不容易，之後開會也比較專心。謝謝時間也可以讓大家感情變好。

　　此外，因為主持人必須記得季目標、看數據分析表，也會養成大家記得自己看業績儀表板的習慣。

問問題的教練時間

　　「老闆，隔壁部門叫我們要做這個。」屬下說。她是個高瘦的印度年輕女生。

　　「那妳有什麼想法？」我問。

　　「嗯……我不太想做，因為他們每次都是專案最後做不完了，才丟給我們。」她說著說著有些生氣。

「那妳覺得該怎麼讓他們知道我們的想法？」我問。

「明天會議，我會遇到他們，再跟他們說。」她說。

「那妳認為這個立刻要做的專案怎麼處理，對公司比較好？」我問。

「嗯……不然這次我做行銷這部分，然後請他們自己準備廠商資料的部分。」她說。

「那妳覺得以後要怎樣避免這個情況？」我問。

「嗯……我們可以跟他們討論一下職責劃分的準則，下次有案子，我們就可以根據這個準則，各自做自己應該負責的部分。」她說。

「那妳有需要我幫什麼忙嗎？」我問。

「嗯，沒有。不然我跟他們說完，寫信做個紀錄，也CC給妳，要是對方反對，妳再回信？」她說。

「好主意！那今天會議開到這，要一起去樓下員工冰淇淋店吃冰嗎？」我笑著問。

主管有很多角色，有時候要清楚說明你的期待，有時候又要扮演教練的角色，讓屬下自己找出答案。

教練的角色並不容易，明明屬下一問，你就可以立刻告訴她答案：「這怎麼可以！叫他們自己做，之後做一個職責劃分圖，這樣他們就不會再丟不是我們負責的東西來。」但是，如果你每次都給答案，屬下就沒辦法練習自己想出答案了。

因此，主管的工作是要問問題，引導屬下找出答案。

你或許知道答案，但你畢竟知道的是「一個答案」，並不是「唯一的答案」，或許，屬下在你的引導下，可以想出更好的答案！

OKR 與衝刺

你有沒有過一種經驗：之前你對屬下說要做某件事，後來你沒問，結果過了 3 個月沒消沒息，你心裡有些生氣，覺得「怎麼我沒催，你就不記得呢！」

可是其實在另一頭的屬下想的是：「老闆很久以前說過這件事，但最近沒問，大概是不需要了吧！」

然而，現實就是，事情實在太多，真的不可能全部做完，所以重點要擺在，讓屬下總是把時間花在當下最重要的事情上。

所以，我會把在 Facebook、eBay 管理產品的方法，也套用在屬下的領導上。

首先，每半年或每 3 個月列一個 OKR——「目標與關鍵結果法」（Objectives and Key Results）。O 代表的是目標（Objectives）；KR 則是「關鍵結果」（Key Results），也就是要達成目標，需完成哪些事情。

比如說，這一季的目標是降低每獲得一個顧客的行銷成本，要從 100 元降低到 50 元，那關鍵結果可能是搜尋引擎來的免費網站流量要加倍。

接著，我會採取「衝刺」方法，一個衝刺是固定 2 週，因為只有 2 週，時間較短，所以可以清楚說明未來 2 週要完

成哪些主要任務，比如接下來 2 週「要完成關鍵字分析，並且寫 2 篇與關鍵字相關的文章」。

衝刺的好處是，每 2 週重新調整最重要的事情，才不會待辦清單越來越長，最後都在做很久以前別人交代、但已經不重要的事情，屬下也會有清楚的完成時間。

此外，因為 2 週要完成，因此主管會把要做的大專案拆成小事項，這樣也不會覺得事情太大，感覺怎麼樣都做不完。而且因為事情切分得很小，隨時可以根據反饋做調整，才不會做了好幾個月才發現這個專案根本就不該做。

頒獎時間

在 eBay 的季會議上，那個跟小美人魚同名的帥氣總經理 Ariel Meyer 說：「謝謝大家這一季的辛勞。」我正想著會議應該就要結束了，總經理卻接著說：「明，謝謝你最近幫我們建立南非的新團隊，我知道你們常常晚上要開會。阿雅，謝謝妳帶領同仁做市場調查，現在大家比以前更在意用戶的體驗……」他一一公開讚美並感謝每個同仁。

接著，他逐一頒小獎盃給每個人，特別點出他們的優點和貢獻，像是「最佳團隊精神獎、幕後英雄獎、最佳說服獎」等等。

公開讚美的力量是很強大的，一來得到讚美的人一定開心，二來其他同仁也會學習他們的強項。特別要記得，因為你要找的是互補的團隊，所以鼓勵團隊合作是很重要的，一定要特別加強讚美那些幫助其他同事的屬下。

實 力 開 外 掛

沒有模範老闆，只有找到自己的風格

　　我是個熱情、直接的領導人，善於帶給大家希望、清楚說明願景，並且重視每個成員，而且我會鼓勵勇敢冒險、嘗試機會，夢想要敢做大。而我的創業夥伴 Phoebe Tan 溫柔堅毅，喜歡謹慎決策，鼓勵由繁化簡、少即是多、從小地方嘗試、清楚分析數據。屬下想要被激勵的時候會來找我，想要冷靜下來的時候會去找她。

　　我們完全不同，但我認為，我們都是很好的領導者。

　　過去 10 年，我遇到的每個老闆都不一樣，有些人超擅長向上管理，有些人特別受屬下愛戴，有些人善於邏輯分析。我在美國零售集團希爾斯百貨工作時，行銷分析部門的大老闆 Zoher Karu 是天才型的領袖，熱愛科學、邏輯，總能精準找到方向。我的小老闆 Domenico Tassone 是個科技宅男，特別喜歡追根究柢，總是知道最新、最酷的數據科學概念。我視為導師的顧問 Catalin Iuga 像是「泰迪熊」高胖的身材加上熱情的個性，是團隊的小太陽，每個人都想要跟他合作。

　　我在資料科學部門的大老闆 Shawn Wang 擅長向上管理，總是能拿到最多的預算和最熱門的專案。我在產品

管理部門的老闆 Andy Chu 直接又爽快，要跟別的部門吵架，找他去一定吵贏。我在 Target 的老闆 Brad Lucas 經驗豐富又善良，建立各式各樣網站和 App 產品，他都有經驗和人脈，還不忘佳節約你去他家吃飯。我在 eBay 的老闆 Ariel Meyer 充滿影響力，總能清楚表述願景，讓每個人都想要追隨他；後來接手的老闆 Ron Jaiven 邏輯清晰，他做的計畫簡報完美無瑕。我在 Facebook 的老闆 Grace Chau 溫柔沉穩，總覺得即使天塌下來，只要有她在，團隊也能不慌不忙、自由度高地完成任務；後來的老闆 Christine Ellis Purcell 則是熱情又具策略力。

這個篇章雖然提了一些我自己用的帶人小訣竅，但我認為，每個人都有自己的優勢，重要的是找到自己的風格，找到適合風格的團隊和公司。早年，我會覺得成功的領導人就是一個樣子，但後來才發現，這就跟員工一樣，每個人都不一樣，除了一些你上網就可以查到的基本功不得不做之外，其實重要的就是善用自己的專長和風格。

矽谷新創 TetraMem 創辦人 Ning Ge 說，身為領導人，你有三個工作：找人、找錢、找方向。怎麼找錢？我在簡報力、策略力章節有說明。怎麼找方向？我在策略力、產品力、行銷力有說明。我的前大老闆，前 Facebook 行銷長 Antonio Lucio 則認為，身為行銷領導

實 力 開 外 掛

人，你的工作就是讓公司成長、讓部門的影響力成長，還有讓大眾對品牌的喜愛度成長。雖然這個章節著重在找人、帶人，但千萬不要誤以為那是你唯一的工作。

6

不怕手髒、不怕失敗的能力

　　我在外面演講，也在美國頂尖加速器擔任導師、美國西北大學教課，教課的時薪只有前者的 10 分之 1 不到，那我為什麼要做？因為我是新手創業家，教課可以認識其他創業家，可以跟其他導師學習，我如果想要學習產業最新的知識，可以邀請業界一流的大神到課堂演講，還可以旁聽其他老師的課，有問題可以請教其他老師，比起我另外花錢去上創業課、聘請顧問，我不僅不用花學費，還可以順便賺錢，超划算！為了學習當創業家，我陸續擔任新創公司導師，提供關於軟體產品管理和行銷的免費諮詢，順便藉機會跟這些創業家切磋，後來陸續有世界各地的團隊找我，高薪希望聘請我做顧問。我從沒想過要靠這些事賺錢，但累積了經驗，機會就主動找上門。

　　朋友約我去電玩工程師展會逛逛，我帶了新創公司傳單去發，我可以請工讀生發傳單，但我卻自己去，為什麼？不是為了省錢，是因為發傳單的過程我可以跟潛在顧客做訪談，比起請市調公司做市場調查，一次要幾千、幾萬美元，我可以得到第一手的顧客資訊，超划算。

先蹲再跳，學東西不怕手髒

　　幾年前，Jenny 是個北京來美國念碩士的畢業生，她曾是紀錄片助理，也當過記者，沒有理工背景，也沒做過產品管理。她從西北大學畢業時跟我聯繫，說她願意學經驗，任何機會都好，我收了她到 eBay 矽谷當實習生，雖然在美國第一份工作不好找，但她大可到小企業做正職，薪水肯定比當實習生高，她選擇來我這學東西，我也逐漸交給她很多資深產品經理做的事，她陸續上手，並轉為約聘僱。

　　過程中，她發現自己在數據分析上比較弱，但分析師的時間是好幾個產品經理共用的，她比較資淺，很難有太多分析師的協助，於是自費去上進階的數據分析課程。1 年多後，產品經理有空缺，她順利升上正職，成為公司裡少數第一份產品經理工作就進 eBay 的人（多數人都是從小企業做起），並在 1 年多後跳槽到 YouTube 矽谷總部擔任產品經理。根據美國薪水網站 Levels.fyi，Google 產品經理的起薪含股票是年薪 23 萬美元（折合台幣 690 萬）。

　　再說一個故事，我在 eBay 工作時回台灣演講，當時清大材料系剛畢業的杜威透過粉專來當義工，會後他跟我說，他想當數據工程師，已修了相關課程，但完全沒經驗。不久後，我介紹他到 eBay 的數據分析廠商 Cognetik，負責 eBay 上海這個客戶，擔任數據分析實習生，那是個不到 30 人的小公司，完全不起眼。我當時還擔心，他根本沒離過家，一下子要離鄉背井，不知道行不行？他也很猛，沒問有沒有支

薪，退伍隔天買了單程機票就直飛上海，幾天內找到了個小房間租下來。

杜威在 eBay 上海辦公室擔任數據分析師實習生 9 個月，期間還到羅馬尼亞出差。實習期間，他用 eBay 的工作經驗申請上了美國名校卡內基梅隆大學的資訊碩士，專攻數據分析和工程。在美國讀碩士期間，靠著 eBay 的人脈，暑假他到了前 eBay 員工在紐約服務的金融科技公司，擔任數據工程師實習生。實習期間，他發現自己還有很多不懂，於是自費花錢上了網路上昂貴的數據工程課程。

畢業後，杜威憑藉著碩士所學、暑假數據工程師的實習經驗、網路課程，錄取進了 Facebook，沒正職經驗、沒背景，他的第一份正職工作就在矽谷 Facebook！短短兩年，杜威從台灣材料系的應屆畢業生，成為矽谷頂尖科技公司的數據工程師。根據 Levels.fyi 報告指出，Facebook 數據工程師的起薪含股票一年是近 23 萬美元（折合台幣 660 萬）。

實際動手做一定比較強

我在矽谷頂尖加速器擔任創業導師，Christine 是我的導生，23 歲、住在紐約的大學應屆畢業生，她覺得美國的藥妝店缺乏創新，現在大家都看網紅推薦買保養品，所以想做一個新的藥妝電商，上面會整合網紅的推薦。

但要怎麼開始呢？她先用完全不需要工程師的網站模板平台開個簡單網站，接著聯繫了幾個賣保養品的網紅，告訴這些網紅：「你可以在我平台上賣東西賺錢。」網紅幫她貼

文，吸引到 200 個人購買。

　　接下來她就到美國藥妝店買了那些商品，包裝後寄給顧客。就這樣，創業半年內她有了 200 名顧客。靠著有顧客的紀錄，她的新創 Cakeshop 進了矽谷頂尖加速器，你可以想像加速器就是 Google、Facebook 還是新創時期的「學位」，裡頭會幫新創公司上些課程，還會提供辦公室、少數資金和人脈，能進頂尖加速器的新創公司就像是進過 Google 的工程師、念了哈佛名校的畢業生，貼了金招牌，一出來大家都搶著投資。加速器就是賭一把，如果哪天你變成 Google，那擁有你股份的加速器就賺翻了！

　　靠著加速器的資源，Christine 找到廠商合作，再也不必到藥妝店買商品，於是在 4 個月內成為估值數百萬的新創公司，她才大學畢業一年多，沒有工程背景，也沒雄厚資金。

　　我的重點不是她很厲害，而是這時代需要的人才不是只善於學習，而是也願意動手嘗試的人。因為時代變遷太快，學不完。當然還是要學，但動手做遠比「學會了再來嘗試」重要得多！我稱它為「不怕手髒的能力」。

　　我前陣子跟線上課程平台「大人學」開了產品管理課程，因為課程關係，我看到了很多亞洲社團裡的分享內容，很多人去上課、寫筆記分享，但很少有人會寫自己運用上課學到的東西做了什麼事，過程中又學到哪些經驗。雖然很開心看到有人來上我的課，上完課還寫筆記分享給大家，但我真心覺得，大多數的人學得多但做太少。上課、考證照，卻害怕動手嘗試，像是寫了產品管理的筆記，一心想做支

App，讓旅遊景點的人可以用手機聽語音導覽。與其空想，不如到旅遊景點，問有沒有人願意花錢聽語音導覽。如果有，可以立刻收錢傳導覽音檔給他，這樣就立刻驗證了「有人願意花錢在旅遊景點用自己手機聽語音導覽」的假說，而這個 App，就是建立在這個假說上。或是聯繫一下在旅行社工作的朋友，訪問導遊，問問這樣的功能是不是有人喜歡。

Christine 其實是哈佛大學的畢業生，如果她覺得自己很聰明，能做出人工智慧電商平台，而遲遲沒有去聯繫網紅、到別人店裡買「自己平台賣出」的商品重新包裝，她也不可能在沒經驗、沒背景的情況下，這麼短的時間進入矽谷頂尖加速器。

我想，或許是因為亞洲的教育覺得讀書很重要，大家又很害怕失敗，所以不敢動手做。是不是因為如果去上一堂大師的課，就會覺得自己很強。但如果換成嘗試去實行，做一定比講難，結果不好，就會覺得自己很爛？

我有時也會陷入這樣的困境，就好像我做了世界級的電商，但買了個人網址好多年，卻一直很害怕做自己的網站，感覺做不好就很丟臉，乾脆不做，白白浪費網址錢多年。

不過我知道，實際動手做一定比較強，因為實踐了就有機會。沒做，你再強就只是筆記王而已，什麼也不是。有時候，機會是給準備好的人，但其他時候，真的沒有機會，與其在原地空等，不如自己創造。

先蹲再跳，賺錢要看下下一步

亞洲有低薪魔咒，大家都超怕賺不到錢。想賺錢很好，可是如果你一直想要一步登天，結果很可能就是「很想，但是一毛錢都賺不到」，每天只好刷仇富文酸有錢人消氣。

賺錢不一定是好事，為什麼？因為能賺錢的事情是你強的事情，意思是你沒有在學新的事情。比如說，我的美術監製實習生 Edrece 過去幾年都是攝影師，但是未來想當行銷部門的美術總監，但在這個領域他沒什麼經驗，如果他找到一個攝影師的工作，肯定可以賺錢，但是如果去找美術總監的工作，要麼找不到相關工作，要麼對方不會給他跟當攝影師一樣高的薪水，如果他怕「手髒」，不想做美術監製相關的實習工作，未來大概很難成為美術總監，也不可能領美術總監的薪水。

賺錢，是你在燃燒自己的強項，但你需要新的經驗才能讓職涯的熊熊烈火不斷有新的柴燒。我 10 多年前在台灣當記者，卻選擇到美國念碩士，當記者可以賺錢，念碩士卻要花錢，畢業後我到了美國小雜誌社工作，如果用生活開銷水平換算，賺的錢比在台灣當記者還少，但後來的工作讓我累積了數位行銷的經驗，也有機會轉往數位領域，最後成了頂尖公司的部門產品長。

你要相信自己，你的能力很棒！不要擔心一時間賺不到錢，只要不要忘記原本的目標、離開舒適圈、動手累積實力，這些經驗就可以幫助暫時蹲下的你一躍而上！勇敢不是追求更高、更好的位子，或是賺更多的錢，而是勇於面對真

實的自己，補足不會的地方。

　　我常鼓勵大家想學什麼就去動手做、找實習，不管你幾歲、不管有沒有薪水，先接觸就有機會。我當然也不是叫你隨便有義務工作就去，而是想清楚這個機會為什麼對你會有幫助？你在這過程要學到什麼？跟對方討論一個對彼此都有幫助的期限，比如說，你想學到怎麼幫併購案做財務，可能需要幾個月準備併購資料及併購後的財務計畫。

　　你或許會說：「可是我花時間耶！不收錢的工作怎麼可以做？」反過頭想，假想你是個上班族，有個高中生想到你公司實習，對方說願意做免錢，你真的會跳起來，覺得太好了，立刻收他嗎？你可能會說「不一定」吧！第一，你又不認識他，要是他偷了公司東西或是不小心惹禍怎麼辦？第二，你還要教他，說不定自己做還比較快。第三，他沒經驗，搞砸的話會害你被老闆罵。

　　你必須介紹他認識其他同事，同事的時間也很寶貴，還要來教導你的實習生，你得欠同事人情。除了花時間想要交辦實習生什麼工作，還得確保他做得開心，不然出去投訴爆料或寫網路負評，收爛攤子就夠你忙。而且，福利也不能不給他，難道全公司出去聚餐，你好意思不約他？歡迎會、離別會，這些聚餐帳單算誰？當然算你這個老闆的。他以後找工作、申請碩博士，請你寫推薦信、跟招募經理做reference，你怎麼好意思拒絕他？全部加起來，他給你的就是幾個月的時間，還不知道是否真的能幫上任何忙。

　　你還是覺得低薪或沒錢很不舒服？別擔心！除了錢，有

很多可以在未來幫你賺錢的報酬！

第一，當然是職稱，要先有名才有錢，你可以跟公司商量，在職稱上有些彈性，比如，與其說你是財務分析的「實習生」，你可以說自己是「財務助理（約聘雇）」「財務助理（兼職）」，因為你做的事確實類似資淺財務經理的工作。也沒人知道你其實是個週末幫忙的義工。

第二，要是你在大公司，很多公司都有上課、參加座談會等的預算，這些預算通常是全組共用，也就是說，他讓你分一些沒什麼大不了，你想想，這些座談會動輒數千塊美元，你哪裡可能有機會去？而且你要是沒有公司職稱，去了也沒人想跟你講話！那可是建立人脈，為將來工作鋪路的好方法！

第三，如果是小公司，職責通常彈性比較高，你可以跟主管討論除了做他們需要的事，也做一些你特別想學的事，比如說，你沒有什麼領導經驗，可以爭取讓你帶更菜的實習生或是廠商；你想學簡報，可以要求他們有機會讓你多試著公開發表；你想學敏捷開發專案管理，可以請主管有機會教你、讓你嘗試開產品需求規格表單。還有，大公司裡因為階級多，你這菜鳥的直屬主管可能經驗少、權責小，相反的，你在小公司的直屬上司可能就是公司執行長、副總，經驗特別豐富，你可以跟他貼身學習管理經營；像杜威，就有到羅馬尼亞出差、直接跟創辦人開會的機會。很多大公司都規定員工不能幫其他人在領英上推薦，以避免大家用領英互惠討好，但小公司可沒這規定，你可以請主管幫忙推薦，之後拿來

申請其他工作或學校。

　　而且大多的實習生，如果表現好，通常公司都會想辦法弄出預算。即使沒有，同事也會幫忙介紹有錢的小案子或其他人脈。再說，有工作總是比較容易找工作，也沒人說要是你在實習的時候，收到 Google 的錄取不能去啊！

　　要是什麼都沒有，最糟情況會怎麼樣？比起在家投履歷半年被拒幾百次，或是後來乾脆不投，在家避風頭喝酒追劇，你花了幾個月時間學了一些東西，履歷上多了個經驗，週末少了一點時間滑手機看酸民文，還累積了一些人脈。划算吧！

為自己再勇敢一次

　　當然，這過程沒有想像中那麼順利，在動手嘗試做新事物的時候，你一定會先感受到挫折，很可能，連無薪的實習都找不到，你可能會經歷很多的失敗。當然，畢竟你在學做一件不會的事情啊！你想像當 Jenny 當時是公司的小實習生，因此想要做產品經理的工作時，發現沒有數據分析師可以協助她，自己又不懂數據分析的挫折。你想像，杜威在紐約實習時，因為想要進一家公司做數據工程，但缺乏相關經驗，一直沒收到對方回覆，於是他決定在該公司對面的咖啡店坐一整天，等他們的數據長下班「堵人」。

一直失敗，反而造就成功

我大學時，一心想要念政大新聞系，希望畢業後可以當記者，卻因為成績，只考上了比較低分的政大韓文系，於是我連續 3 年準備了共 6 次新聞系轉學考和轉系考，卻都沒有考上。每次沒考上，我就到相關的公司擔任實習生，就這樣，我一連到了 5、6 家公司實習，畢業時工作經驗豐富，還沒畢業就拿到當時最大報社的記者工作。

我跟男友矽谷吉姆分享這件往事時，他說：「妳有沒有想過，或許是因為一直沒成功，才讓妳加深了要成功的信念，反而造就了妳的成功？」

我想想，還真有道理！我是個好強又樂觀的人，這些拒絕，加深了自己想要更努力的信念，因為不是本科生，我越覺得自己得努力才能跟得上其他人，結果反而讓我比其他人累積更多的實力。如果你陷入挫折，或許這是一個助力，讓你更有動力達成你的目標。

有次美國西北大學的學生到矽谷參訪，我帶他們去矽谷創投公司 World Innovation Lab 參訪，創投家琴章憲（Akinori Koto）說，他以前想像中的人生像爬山，設定好目標，一步一步往上爬，總有一天會登頂，後來他才發現，人生比較像衝浪，有高有低，你得試著在每次浪潮來的時候，抓住機會，站起來。

一開始你會一直失敗，但慢慢的，你就會越站越高，站起來成功的次數也越來越多。浪頭一定會下去，也就是你一定會有挫折，重點是你如何在低潮的時候準備好，浪來的時

候，可以再站起來。

　　我念芝加哥大學 MBA 時，會計老師 Haresh Sapra 說，人生要忙的事情太多了，大多時候，我們都像是在雜要拋球，一定會有球不小心掉在地上。但是手上球很多，你只要確定掉的那顆不是水晶球就好了，因為其他的球會彈回來。你等它彈回來再接起來繼續拋就好了，但如果像是家庭、健康這樣的水晶球，你就得確保它別掉了，不然碎了就再也無法挽回了。

　　我很喜歡這兩個比喻。有時候，我也不順利，會很焦慮，覺得要做的事情太多，時間又這麼少，好多事情想要做得更好，或是有些事情就是不順，但我會提醒自己衝浪和拋球的故事，浪會再來、球會彈回來，沒關係的啦！

失敗學到的事，影響新的選擇條件

　　我最近透過亞洲・矽谷的計畫參加了一個矽谷創投大神提姆・德雷珀舉辦的創業課程 Draper University，他在課堂上對創業家們說：「你可能不受青睞，是因為你的想法還太前衛，這個世界還沒聽懂。其他人不投資你、不支持你，可能只是因為你看到了別人還看不到的東西，並非你的點子錯了。你千萬別洩氣。」

　　當然，我不是叫你頑固不靈，你現在的失敗可能只是加強你決心的助力，不過很多人問我，該怎麼判斷「失敗只是還在練習成功」，還是應該「放下頑固不靈，轉換方向或乾脆放掉」？

　　我通常不會用這樣「一次性做選擇」的方式，而是會用我們一般在矽谷做產品管理的時候，選擇開發功能的方式，也就是我會根據失敗學到的事，不斷調整我做事情的優先次序，漸漸的，那些「頑固不靈」的不好點子，就會因為新的選擇條件慢慢被排到低的優先次序裡，逐漸被放掉了。

　　舉例來說，我因為早年當過記者，因此剛到美國念研究所後，一心想要到媒體公司工作。當時我懂的不多，因此選擇工作的條件就是「希望是媒體公司」，一心夢想要到 CNN 工作，但開始工作後學到了新的東西，我選擇工作的條件因而改變，變成「有機會實踐最新的行銷趨勢、在數位科技高度相關的公司做核心的工作」等，因此我開始做大數據行銷、個人化行銷、軟體產品管理、人工智慧相關的工作，也到了矽谷的科技公司工作，我從來沒有做出「不去 CNN 工作」的決定，但我學到新的東西，影響了新的選擇條件，去 CNN 工作也就自然地排在不重要的位子了。

事情還沒做之前都會覺得比較難

　　我的經驗是，大部分的事情還沒做之前都會覺得比較難，因為越想越可怕，而人生就是不斷學習，我每份工作都是會一半、學一半，因為如果下一份工作你全部都會，跟上一份工作一樣，那你為什麼要換工作？一定是有所貢獻，也一定會學到新的東西，只要不要讓自己停下來，遇到不會的東西，我邊做、邊學、邊進修。

　　像我在美國的第一份工作是在雜誌社，當時我靠著在

西北大學的數位行銷學習，還有在台灣廣告公司及當記者的工作經驗，在美國雜誌社做數位行銷。又靠著數位行銷的經驗到了美國的零售集團希爾斯百貨做大數據數位行銷，讓每個消費者看到的廣告都不一樣。接著憑藉在希爾斯百貨做大數據數位行銷的經驗，轉調到同公司的手機電商部門做大數據產品管理，讓每個用戶看到的網站都不一樣。接著我靠著擔任產品經理的經驗，爬上去成了電商部門產品長，帶領產品經理、工程師、網站設計師、數據分析師、行銷經理等，並藉由希爾斯百貨的零售經驗，跳槽到美國第二大零售集團 Target。同一時間，我發現自己開始接觸財務、營運等部門，並且有帶領團隊的工作內容，因此又兼職在芝加哥大學念了一個 MBA。

接著我從零售公司部門產品長的工作，轉職到科技公司 eBay 擔任部門產品長，我發現科技公司更重視主管在科技上的背景，因此我又兼職在加州大學柏克萊分校修了程式語言的學分。然後我因為在 eBay 新興市場的經驗，被挖角到 Facebook 帶領其新興市場的產品行銷，接著又因為我過去電商部門產品長的經驗，被 Facebook 的部門請去創立社群電商產品。

一路走來，我忠於自己的興趣，從媒體公司出發。但我敞開心胸嘗試。我最討厭的就是數學，但嘗試了大數據行銷後，發覺非常有趣，也發現數據分析不一定要數學好，而且我有機會就把握，當初 Target 來挖角，一開始是希望我去冰天雪地的明尼蘇達工作，我也一口答應，才因此給了我後來

搬遷到矽谷的機會。反正每一次迎接新的挑戰,遇到不會就學習,不懂大數據行銷,我就抓著廠商問;發現開始需要帶領團隊、管理財務,就再兼職念第二個碩士;工作需要帶領工程師,我就去學程式語言;創業後,我也參加了加速器、創業比賽、線上課程,學習當創業家。

　　我的職涯四大準則是:忠於自己的興趣、敞開心胸嘗試、有機會就把握、遇到不會就學習。盡力而為,其他不能控制的事情,就不用擔心了!

打擊挫敗最有幫助的方法

　　很多人問我:打擊挫敗最有幫助的方法是什麼?首先,雖然有人會覺得「多失敗幾次就不會傷心了」,像是我向客戶提案,一開始被拒絕會玻璃心,傷心 3 天,後來就覺得真的也沒什麼,只傷心了 3 小時,反正本來就跟找工作一樣,一定不可能每個工作都錄取你,我公司提供的服務和價錢也不可能適合每一個客戶。雖然我覺得這真的是有道理,但我也認為,從挫折站起來就跟心碎恢復一樣,沒有萬靈丹,是一定要經歷的過程,面對它、對自己的失敗坦白、把悲傷發洩出來,是第一步,接著就是得靠時間、靠行動,逐漸恢復。

　　但是,我也認為,沒有挫折可以打敗積極,我覺得打擊挫敗最有效的方法,其實就是「動手做」。像是我之前參加創業比賽,雖然準備很多,但因為一心想要在回答評審問題

的時候顯示自己做了充分的準備、分享事先準備的簡報，反而沒有專心聽評審的問題，也沒有展現自己的熱情和魅力。由於是第一次參加比賽，我在會後倒在沙發上大哭了一場，但因為比賽過程得到不少反饋，我開始針對反饋一點一點修正，很快就忘了傷心，展開了公司試營運，還在幾個月後的另一個創業比賽拿下冠軍。

當時，我第一次參加創業比賽失利時，簡報老師 Robert 要我把「我失敗了」想成「我學到○○○了」。對的，轉個念頭，你會發現，自己比過去又更有經驗了些，肯定會有可以改進、再嘗試的點子。一旦開始實踐這些點子，你就又有了目標、鬥志，沒時間傷心了。

努力是一種天賦，但你有自己的天賦

很多人知道我是拚命三郎，總是覺得：「我一定要試試看！」在 eBay 工作的時候，我很尊敬的阿根廷人老闆 Ariel 跟我說：「我覺得努力真的是妳的天賦！妳得好好善用。」我當時（還有接下來的好幾年）其實覺得不太舒服，心想：「怎樣？我是沒有專長、優點是嗎？！我唯一的天賦是『努力』？努力誰不能做，就是沒天賦才努力啊！」後來有次我跟男友矽谷吉姆聊天，愛看籃球的他剛好說到美國的一名職業球員：「這個球員的天賦真的是努力！」

我當時嚇了一跳，怎麼真的有其他人也覺得「努力」是個天賦呢？

吉姆解釋，「天賦」指的是當你在做這件事的時候，

跟其他人比起來相對輕鬆，想要多做一些，甚至總是覺得還不夠，對你來說，做這件事情就像是如魚得水一樣。我點點頭，嗯，確實是合理，當然努力總是比在床上躺著休息辛苦，但確實我跟同儕比起來，常常就是想要再多做一些。

「但這樣不對啊！如果『努力』是天賦，那我要怎麼鼓勵『努力』不是自己天賦的人繼續努力呢？」我赫然發現，這樣的邏輯也太消極了吧！

「沒錯，他們或許不像妳這麼想要『努力』，但他們有自己的『天賦』啊！他們可以在自己的『天賦』領域努力！」接著他提到一個朋友，從小就喜歡研究日文，不僅自學日文，還深入了解日本的運動，別人覺得學語言很痛苦，他卻興趣濃厚，不斷專精。

「而且要成功，真的不能只靠『天賦』，看看美國的職業運動員，雖然每個人的強項不大相同，但在自己的強項裡，他們都是天賦異稟。可是要成功，還是得加上不斷努力。每次練球都提早抵達的傳奇球員 Kobe Bryant 就是一個例子。」吉姆解釋：「『天賦』是指你和別人的起跑點不同，而且做起來特別輕鬆，但不代表別人不能靠後天學習趕上你！」雖然不太懂籃球，但我知道，我當年在 Facebook 工作的同事們，真的個個都像哈利波特裡的妙麗一樣，超級努力呢！

每個人都是很獨特的，如果你的天賦也是「努力」，太棒了，我替你開心！如果你不是我這樣的拚命三郎，「努力」不是你的天賦，那也很好，因為你一定有你的「天

賦」，找出來，加強它，你也有機會成為耀眼的星！

不知道要怎麼開始時

阿雅的新創最近募資結束，由 Google 早期高階主管 Ben Ling 所創立的創投公司 Bling 要我準備未來 1 至 2 年的計畫，他給了我一些範本，要我假想現在公司的進度是「0」，1、2 年後是「1」，要我想像 1 是什麼樣子。他給我的範本如下：

0 到 1 計畫

舉例：軟體公司
- 我們有 20 個企業顧客，雖然他們還沒付錢，但已經固定在用我們的產品。
- 每個客戶每週至少 5 個員工使用我們的工具。
- 每個客戶至少有 1 個員工每天都用我們的工具，而且用超過 10 分鐘。
- 大部分客戶覺得我們的產品已成為他們的必備工具。
- 我們的工具為客戶 1 週省下 1 小時。
- 有客戶說願意 1 年支付 1 萬美元使用我們的工具。

舉例：以快速消費品為特色的雙邊市場
- 在一個品項有 30 家網路商店加入。
- 每家店至少賣 10 種商品。

- 我們一天至少幫每家店帶來 10 個顧客。
- 每家店每月付 3,000 美元。
- 我們每月經常性收入（Monthly Recurring Revenue，簡稱 MRR）達到 5 萬美元。

舉例：幫時裝品牌做二手衣買賣的工具

- X% 的品牌每個月付 $X 來使用我們的工具。
- X 個品牌每月有平均 $X 的商品交易總額（Gross Merchandise Volume，簡稱 GMV）。
- 有至少 1 個客戶使用我們的工具，因此達到每年收入超過 1 億美元。
- 每月有 X% 的二手衣會被買走。
- 分析顧客是否推薦我們的平均淨推薦值（Net Promoter Score，簡稱 NPS）達到 X。
- 我們每年經常性收入（Annual Recurring Revenue，簡稱 ARR）達到 X。
- 顧客留存率達到 X%，而且有清楚的獲客策略。
- 我們已經在實行有效的招募及業務訓練方法。
- 來自免費行銷通路的顧客收入占比達到 X%。
- 我們每個月會從行銷通路得到 X 個潛在顧客。
- 顧客因為 X 原因喜歡我們的產品。
- 網站的轉換率達到 X%。

於是我照著範本為我的男裝租賃訂閱服務寫計畫：

◎我們有每年經常性收入 $X，而且每月成長
$X，顧客留存率達到 X%，我們有 X 個顧
客，遍布全美各地 S 到 XL 尺寸。

◎每月 X% 的顧客租了衣服後買下來。

◎我們的獲客成本低於 $X，而且顧客每年平均
消費達到 $X。

◎我們有 X 個衣服合作廠商，而且有 X 件衣服。

　　我得意地覺得自己跟範本很像，寫得真好。Ben 看了後
問我：「這些數字背後代表的意義是什麼？我要怎麼知道這
個數字夠好？」嗯，這也太難了吧！好吧，我又重寫：

◎達到每年經常性收入 $X，而且每月成長 $X，
顧客留存率達到 X%，我們有 X 個顧客，遍
布全美各地 S 到 XL 尺寸。

‧我們什麼尺寸都有，而且顧客留存率達到
X%，表示我們可以提供租衣訂閱服務給企業
當做員工和客戶送禮，這代表著我們可以在
全球員工送禮的 $X 大餅分一杯羹。

◎每月 X% 的顧客租了衣服後買下來。

‧表示我們的營收不止於租賃，更可以獲得高
利潤、高成長的二手衣轉售收益，在 $X 的市
場大餅獲利。

◎我們的獲客成本低於 $X，而且顧客每年平均

消費達到 $X。

- 表示我們找到有效的行銷通路，要更多客人只需要簡單地增加預算。

◎**我們有 X 個衣服合作廠商，而且有 X 件衣服。**

- 表示我們透過分潤機制，不需要存貨成本就可以取得這些衣服，降低存貨分險，還能達到 X％的庫存使用率，表示這些衣服都有被租出去、創造價值，而不是在倉庫生灰塵。

- 另外我們要跟 X 家衣服品牌商測試，把預測顧客趨勢的數據做為付費的分析產品，這表示我們能透過數據變現，成為高利潤的額外收入。

記得剛開始做某件事時，目標中，數字一定都很小，所以你要想想，這個數字代表的「So what?」（那又怎樣？）是什麼、有什麼意義？比如你是個小編，這個月的目標是把其中一篇社群媒體貼文變成電子報發出去，代表著如果反應好，以後電子報可以成為公司額外的行銷通路，而且內容是幾乎沒有額外成本。

如何從 0 走到 1

0 到 1 計畫比較像是結果（Outcome），但要達到那個結果，過程需要一些產出（Output），這些是公司最重要、必須做的事情。舉幾個產出的例子：

◎建一個 X 人的業務團隊，而且每個顧客的收益是業務開銷的 X 倍。

◎每月測試關鍵字行銷、社群行銷通路的廣告，而且每月的獲客成本至少要比前個月降低 X%。

◎建構網站和 X 功能，在哪一天要上線，而且要增加轉換率 X%。

「如何從 0 走到 1」的計畫，有一部分就是藍圖，我在接下來的策略力章節會再講到怎麼用策略做藍圖，不過這邊先跟大家分享，大部分的人做藍圖的時候會從公司出發，但 Ben 的建議是從顧客的體驗出發，比如：

圖表 6-1　**公司角度的藍圖**

	第一季	第二季
行銷團隊	測試關鍵字廣告	寫部落格
營運團隊	上架 X 尺寸的衣服	購買 X 品牌的衣服
科技團隊	上線「暫停訂閱」功能	更換「登入」科技的廠商

圖表 6-2　**顧客角度的藍圖**

	第一季	第二季
潛在顧客體驗	消費者可以在網路搜尋「男裝租賃」就看到我們的關鍵字廣告	消費者可以看到關於面試、約會的穿搭文章,進而對租賃服務有興趣
顧客線下體驗	在等候清單上 L 號的顧客,可以開始使用男裝租賃訂閱服務	喜歡極簡風的客人,可以租極簡風的秋裝外套
顧客線上體驗	因為旅行需要暫停服務幾個月的客人,可以使用「暫停」功能,重啟的時候不用再重新填寫喜好問卷	客人能用手機登入,避免記不得哪個Email的困境,而且包裹寄出可以收到手機簡訊提醒,下次重訪網站也不用再登入

擴大你的影響力

很多人問我「妳覺得自己成功的訣竅是什麼?」我不敢說自己很成功,我還在學習很多事,也覺得只要你在進步,完成想做的事情,就是成功。不過如果一定要歸納我加速職涯的關鍵,就是把我想要的東西創出來後,讓大家可以運用,擴大自己的影響力。

我念中山女高時想學習大眾傳播,當時沒有那個社團,我發起全校連署,創了大眾傳播社,至今社團還在,每年都有學妹透過社團學習行銷、媒體與大眾傳播。我念政治大學時,想到報社、電視台實習,但當時他們只收相關科系的學生,所以我加入「自強報社」並透過社團跟報社、電視台建

立實習計畫，我因此有了實習經驗，後來的學弟妹也有這樣的計畫可以參加。我準備出國讀書時，不想花錢請代辦找學校，所以找了 20 幾個一樣想出國念行銷、傳播的補習班同學，一起合力研究學校，我得到了名單，其他人也都因此有了免費名單。我念美國西北大學時，想要練習英文，去了附近養老院當義工，後來我當學生會長時，做了義工計畫，這樣每年新生都可以直接報名到養老院當義工、練英文。我從西北大學畢業時想要加入台灣校友會，發現沒有校友會，我找了當屆的同學一起聯繫校友，到西北大學成立正式校友會，成為學校在全球的第七個校友會，至今仍非常活躍。

我想要有個時裝服務是為忙碌、有夢想的人設計的，希望有人幫我穿搭，穿搭的時候是針對我想要參加的場合和目標而選擇的，希望可以透過租賃，穿了之後不一定要買下來，還有人幫我洗衣服，因此創建了我的新創 Taelor。創業後我想要跟其他創業家、科技人切磋，因此我加入北美台灣工程師協會（NATEA），主動舉辦創業家聚會、科技展會。

坦白說，我都是從私心開始，我自己想要那個東西，就動手做，但得到後沒有停留在原處，而是把它變成了計畫、制度、團體，讓它延續，讓更多的人可以享用。這並不是我很有大我、大愛，只是覺得如果可以多小小一步，就能順手幫助其他人、擴大影響力，何樂而不為？後來發現，我創造的影響力因此變多了。從不怕手髒開始，忠於自己的興趣、敞開心胸嘗試、有機會就把握、遇到不會就學習。然後，先蹲再跳，跳起來後擴大你的影響力！

Let the game come to you.

「我覺得好焦慮！」粉絲跟我說：「我想要當產品經理，但沒有相關經驗。我想不然就當軟體的專案經理，但又沒有軟體經驗！」

「那你現在怎麼補足這方面的經驗？」我問。

「我曾在朋友公司幫忙，做相關的實習。」粉絲說。

「那你過去的經驗是什麼？」我問。

「我有硬體專案管理的經驗。」粉絲說。

「但你不想做硬體專案管理的工作？」我問。

「對啊！」粉絲說。

「所以你覺得焦慮，因為你在學新的東西。如果你做舊的領域，就不會焦慮，因為那是你會的東西，但你不想做？」我問。

粉絲似乎恍然大悟，笑了笑說：「哈，所以好像焦慮也是正常的，沒什麼！」

嘗試新事物的時候，我們一定會覺得有些焦慮，在挑戰的過程中，會有些急躁，創業資源有限，更讓我想要大叫：「快給我風火輪，我想要進步神速！」但愛看籃球

的吉姆常說：「Let the game come to you.」直翻是「讓比賽迎向你」，意思是耐心點，不是你衝向比賽，而是享受挑戰、成長、跳出舒適圈的過程，當你專心「練功」，心情就會沉澱一些，累積了經驗，自然成功就來了，回頭看，挑戰的過程是最有樂趣的！跟打怪一樣嘛，就是在過程中才有趣啊，一下子破關就不好玩啦！

　　我最近愛上了夜泳，經常晚上到社區泳池游泳，剛下水的那一剎那會覺得很冷，但一開始游就不冷了。我覺得累、想要上岸的時候，會告訴自己「再多游一趟就好」，多游了一趟後，也發現好像沒有太累。我想，這就像是嘗試新事物的時候把手弄髒的感覺，一開始有些不舒服，但一下就適應了，而且覺得很棒，甚至會發現你比自己想像的更強一些！

　　很多人會把「結果」（Outcome）和產出（Output）搞混，在 Facebook，公司牆上有個標語「Don't Confuse Motion with Progress」，直翻就是，不要搞混「有在做事」和「進步」這兩件事，或是不要以為「有動作」就是「進步」。雖然我覺得這個標語有點苛刻，但意思是提醒大家，最終的結果才是重要的，千萬不要瞎忙。從不怕手髒、不怕失敗開始，然後著重在結果，先蹲再跳，跳起來後擴大你的影響力！

7

思考力

　　很多人問我：「到底要到矽谷頂尖科技公司工作需要什麼技能？」我的回答是，除了職務必備的專業技能以外，最大的不同就是「思考能力」。我想，在未來的世界裡，人工智慧肯定會影響許多人的工作，但可以確定的是，思考這件事，最不容易被取代。

　　身為亞洲長大的小孩，我覺得自己最大的困境之一就是學習思考。從小到大，也沒什麼人問我怎麼想，就是習慣背標準答案解題，但到了矽谷工作後，我發現思考真的好重要，因為要解決的問題幾乎不可能一模一樣，特別是在世界頂尖科技公司裡，我們做的事情大部分都是產業還沒做過的。因此遇到問題，也沒有前人的經驗當答案的參考，一切都得自己想，所以思考變得很重要。

　　你大概覺得思考能力很抽象，我以前也是這麼覺得。但其實不難，我會從目標開始，從目標決定策略，接著用邏輯的思維擬定原則，最後發想點子。打個簡單的比喻：

　　你是水果攤的老闆，工讀生拿一個芭樂問你要放哪裡，接著又拿西瓜問你擺放的位置。你覺得很煩，就跟他說：

「我們的目的是減少偷竊、提高加購量。大顆的水果都放外面，小顆放裡面，因為偷拿大顆水果比較難。所以，西瓜放外面，芭樂放裡面。另外，收銀台旁邊會放切好的小包水果，客人結帳的時候會順便買。」

這時候，老闆的說明給了 5 件訊息：

◎目標（goal）：增加營收。

◎策略（strategy）：減少偷竊、提高加購量。

◎邏輯（logic）：重的水果比較不會被偷、外面的水果比較容易被偷、放櫃台的小東西容易被買。

◎原則（principle）：大顆放外面、小顆放裡面、單價低商品放收銀台。

◎點子／執行手段（idea/tactic）：西瓜放外面、芭樂放裡面。切好的水果放收銀台。

為什麼要在思考層面上把目標、策略、邏輯、原則，特別點出來？當你越來越往上爬時，不可能替每件事情做決定，這有助於團隊成員可以在不用問你的情況下做最接近公司策略的決定。它還有一個好處，就是當同事不同意你的想法時，你可以釐清，對方是不同意你的「邏輯」，還是不同意你的「點子」。

比如工讀生說：「我們應該把西瓜放裡面，因為這一批的西瓜很熟了，放外面曬太陽會壞掉。其他大的水果可以放

外面。」那他是同意你的「目標」，也同意你的「邏輯」，只是，他不同意你的「點子」，因為他建議增加一個「策略」：延長水果的保存期限。

但如果工讀生說：「我們應該把西瓜放裡面，因為店裡的冰箱內有現榨果汁，新鮮水果擺冰箱旁邊，果汁感覺比較好喝，大家比較會買，況且，果汁的利潤又比較高，我們的目的應該是增加利潤。」那他就是不同意你的「策略」和「邏輯」。

◎目標（goal）：增加營收（revenue）。

◎策略（strategy）：提高利潤（margin）。

◎邏輯（logic）：新鮮水果擺冰箱旁邊，果汁感覺比較好喝，大家比較會買。果汁的利潤比較高。

◎原則（principle）：放現榨果汁的冰箱旁邊擺新鮮水果。

◎點子／執行手段（idea/tactic）：西瓜放冰箱旁邊。

我在 Facebook 擔任產品管理和行銷主管的工作中學到很多，其中最重要一項就是，能用策略性的架構解決各式各樣的問題。甚至可以說，我觀察到 Facebook 和其他比較不成功的公司相較之下，員工整體來說，最大的不同點之一，就是能很快地想出解決方案，同時一層一層都充滿邏輯。這

樣一來，不僅增加了解決方案的有效性，也讓同事開會更有
效率。

策略性架構

我剛進 Facebook 工作的時候，老闆 Grace Chau 是個約
40 歲、頂著一頭短髮、瘦小的亞裔美國人。她要我做一份
行銷計畫和進度報告，我洋洋灑灑寫了 10 幾頁，要買關鍵
字廣告、要做 Facebook 廣告、要拍網路影片，而且行銷活
動在短短一個月內就幾乎籌備完成。

她看著我的計畫進度報告張大眼，驚訝地說：「哇，我
們之前的活動都要籌備 6 個月，妳的進度真是神速！」

我得意地笑，心想：「太好了，一進公司就讓大家刮目
相看！」

接著，她臉一沉對我說：「但是妳缺乏策略性架構。」

什麼鬼？我好歹也做了 10 年的行銷主管，什麼「策略
性架構」（strategic framework）？聽都沒聽過！

我仔細看了自己的報告，大意如下：

> ◎要做 3 個活動：關鍵字廣告、Facebook 廣告、
> 網路影片，活動內容是 ....，每個活動的進
> 度是 ....。

接著我看了一下老闆別項案子的報告，內容如下：

◎企業

· 部門的目標是為了增加在印度的女性用戶。

· 如果增加這些用戶，我們有 .... 商機。

· 印度女性在社群媒體上最在意的是安全性和 .... ，因為 .... 數據顯示， .... 。

· 部門最近開發了一項功能，讓印度女性可以把照片上鎖隱藏。該功能的業績指標是 .... 。

◎行銷

· 行銷的目的、策略、做法是 .... 。

· 目標對象分眾、年齡及社經地位、態度、個性、生活型態、夢想 .... 。

· 現在使用 Facebook 的用戶體驗是 .... 。不願意分享照片的原因包括 .... 等。

· 產品在市場的定位是 .... 。

· 消費者洞察包括 .... 等。

· 消費者會使用產品的具體好處包括 .... 等。情感上的好處包括 .... 等。

◎競爭對手有 .... 。他們的定位是 .... 。

◎行銷成功與否的主要評估指標為 .... ，次要的是 .... 。非指標的包括 .... 等。

◎根據以上，我們要做的行銷研究是 .... ；行

　　銷活動包括 ………… 等；美編創意是 …………；影
　　片的規格是 …………；通路會用 …………；上線的
　　時間是 …………；進度是 …………。

你發現有什麼不一樣嗎？

兩件事：邏輯思考、組織能力。

最大的差異，並不是老闆的報告比較長，而是她的報告解釋了很多「邏輯思考」，並且用「組織能力」把報告整理出來。

雖然有提及要執行的事項，但她的重點，不是「我們要做什麼」，而是「我們知道什麼、爲什麼要做」，基本上，一旦她把背景資料整理清楚，要做什麼事幾乎呼之欲出。好比你說了目標對象是「在印度的女性，她們休閒時間最常做的事是看 YouTube」，因此當你說要製作 YouTube 影片的時候，就不會有人反對。

如果你想在一流的公司工作，就必須具備有策略性架構的思考能力，因爲這些公司裡全都是名校天才，憑什麼其他人要聽信你的決定、你的點子？但你可以用自己的邏輯說服他們。而這也是他們面試新人的重要選擇條件。

把邏輯拉高層次

好了，現在你的思考能力有策略、有架構、有邏輯。下一步就是把你的邏輯拉高層次，展現更大的影響力。以下舉

一個例子。

我在 Facebook 擔任全球上網計畫的無線網路行銷長時，當季的團隊目標是使用 Facebook 旗下無線網路品牌的用戶要達到 10 萬名。

我心想，這簡單，擺明了就是行銷團隊得分的好機會。比起工程師、產品經理、數據分析師等，增加用戶數就是行銷的強項嘛！

我急忙開始籌備行銷計畫，這次我可是加入了背景資訊，以及為什麼要做這件事。

我的計畫內容大致如下：

◎目標：部門的目標是增加用戶。
◎行銷策略：我們主打年輕上班族，因為他們
　　在公司、家裡比較年輕，常常有人會叫他們
　　「再等等」，所以行銷主軸是「不用再等，
　　超快網速」。免費試用，在賣場做廣告。廣
　　告會下在 .... 地區。

是不是感覺很有「策略性架構」呢？我急忙拿給產品經理看。

「嗯……『策略性架構』層次感覺不夠高。」什麼鬼！到底這是什麼東西？我明明就照著範本寫啦！

隔天，產品經理把我的計畫改了改，加了一些內容：

◎消費者洞察：數據顯示，在印度，會架設無線網路的店家（網咖、小店）比一般家庭多。但 .... 城市富裕，一般家庭也會有經濟能力裝無線網路。我們發現，多數人裝無線網路是因為曾在公共區域用過無線網路，覺得很快，因此想在家裡安裝。

◎商業策略：我們的策略是「戶外免費、室內收費」，在住宅區附近的賣場讓人免費使用，使用者覺得速度快了以後就可以幫家裡訂購。

◎行銷策略：根據 .... 指標，我們選定了.......... 地區做為第一批測試的地區。一旦用戶已經有興趣，想安裝在自己家裡，我們用廣告進一步促銷，主打年輕上班族，因為他們在公司、家裡比較年輕，常常有人會叫他們「再等等」，所以創意的主軸是「不用再等，超快網速」。

產品經理的計畫有 3 處不同：

◎層次：從「行銷」拉到「商業策略」上，高了一個層次，「不只要賣給網咖，還要賣給一般家庭」「戶外免費、室內收費」，這些不只是行銷上怎麼傳遞訊息給消費者，還牽涉到要賣的用戶群、定價的不同、商品（無線網路）安裝的地點和類型不同。

◎**消費者洞察：**在比較高的層次下，點出了大家會買的原因：「多數人裝無線網路是因為曾在公共區域用過無線網路，覺得很快，因此想在家裡安裝」。雖然我的報告裡，也有根據創意發想的消費者洞察：「我們主打年輕上班族，因為常有人叫他們『再等等』，所以行銷主軸是『不用再等，超快網速』」，但相較於產品經理的計畫，他新增的洞察更直接連結了影響購買的行為。

◎**邏輯：**「根據 .... 指標，我們選定了 .... 地區」。我原本的計畫裡，雖然選出了 .... 地區。但並沒有說出我怎麼選的，是因為那些地區廣告看板比較便宜？那些地區有比較多賣場且離住宅區比較近？那些地區人潮比較多？那些地區年輕人比較多？那些地區家裡有無線網路的人比較少？那些地區比較富裕，大家應該比較有錢在家安裝無線網路？另外，產品經理的計畫點出了給大家免費使用的思考邏輯，「使用者覺得公共區域的免費無線網路速度快，就會想訂購回家用」。

你可能會問：「為什麼要提高層次？那是老闆的事，我只是負責某個小部分的專業，層次這種事，老闆都決定好了！」

或許你最後做的事情只有某個專業，像是在賣場舉辦一場行銷活動，但如果能從高一階的層次開始思考，你才能

確定自己做的專案真正幫助到公司裡重要的事。比如說，你在賣場辦活動的時候，要確定這些人曾試用到很快的無線網路，而不是只有看了表演；要多吸引住附近的年輕人，因為目的是他們最後把無線網路也在家安裝。不然你可能辦了一場很多人來參加的賣場活動，但來的人都是帶孫子的老人，他們沒試用過無線網路、不住在附近的住宅區，也不需要無線網路。然後，你就白費工了。

再說，想升遷，也得先學會執行你老闆做的事，大多數的公司裡，升遷只是「你已經在做老闆的事」之後「補給你的職稱」。

訓練思考的訣竅

我的新創公司因為要出租合作品牌公司的衣服，因此對方會提供他們以前的廣告給我們使用。有支廣告的結尾是兩年前邀大眾參加另一項活動的訊息，所以我請公司實習生幫忙剪接，這樣才能使用這支影片。結果，實習生剪輯給我的竟然是結尾那段「請來參加（兩年前的）○○○活動」，而不是前面的廣告內容。你說，肯定是我講不清楚，但這也是實習生沒有思考。公司怎麼可能會需要兩年前邀人參加活動的片段呢？！

大家都想要加薪，會思考其實就能大幅增加你的價值。因為你想，如果具體要做什麼事情，老闆都講得很清楚，那為什麼要雇你？他大可上網去找印度偏鄉、非洲等地薪資特

別低廉的零工幫忙完成這些事情，或是找類似的軟體、人工智慧工具來達成這項任務。

比如說，老闆請你整理一些行銷圖片好拿來做為未來的社群媒體貼文，麻煩的就是要了解「以後貼文需要什麼樣的圖片？」，並且想到「拍不好的要刪掉、可以用的挑出來，然後可以用，但背景不夠乾淨的要去除背景顏色」。如果老闆已經具體到說「這 1、2、3 張要去背」，那他就不用你啦！他只要上傳到去背軟體就好了。花心思、花時間的，就是「找出要做什麼」的思考過程啊！如果我能請人幫我做這些事，價值遠高於純粹執行我具體說要做的。而且大部分這樣的事情，要是我都花了時間詳細規畫、溝通清楚，那可能最後我也不差那一點時間自己執行一下，還不用跟別人解釋要做什麼呢！

思考能力很重要，但能惡補嗎？其實思考是可以訓練的，訣竅在於「問 5W1H」，比如：

◎ **Why**：為什麼要做這件事？
◎ **What**：目的是什麼？我做了這件事情之後會發生什麼事？老闆的指令是什麼，哪些地方講不清楚或我沒聽懂？用戶、客戶、老闆會怎麼使用我做出來的東西？
◎ **Who**：是誰要用我做的東西？
◎ **Where**：他們在哪裡用我做的東西？
◎ **When**：他們什麼情況下要用這個東西？

◎ **How**：怎麼執行會比較有效達到我的目標、公司的
目標、老闆的目標、用戶的目標？

不要害怕問問題，因為只有充分了解問題，才有足夠的
資訊可以思考，也才能真正解決問題啊！

比方說，有次服飾品牌公司給的照片不夠好，設計師對
行銷經理說：「請你跟對方說他們來的照片不夠好，請他們
再多給我幾張。」行銷經理立刻轉寄給品牌公司，但對方覺
得很疑惑，不是已經寄了很多照片嗎？哪裡不夠好？接著來
來回回幾次後才發現，因為大部分照片是直的，但設計師需
要橫式的照片，以及一些有情境的風格照。行銷經理當時如
果可以了解問題，或許就能省去來回的時間。

思考真的不難，只是有點瑣碎，一開始，你可能會覺得
有點「麻煩」，唉唷，這麼多層，想得腦袋都要爆炸啦！但
從把自己的思考寫成文件開始，不要一下子就跳去做簡報，
一步步幫助自己想清楚。慢慢的，你會發現自己變「聰明」
了，感覺腦袋變得更清楚，減少「不知道做這事情到底為何
要做」的情況，工作也會變得更有趣、更有意義，然後你就
會發現身邊的人說話沒邏輯，這時候你就可以會心一笑，知
道自己已經進步啦！

實力開外掛

拆解 Facebook 面試題，惡補思考能力

■ 考題 1：你是 Facebook「生日」這個功能的產品經理，你要開發什麼功能？

Facebook 真正的面試題就是這樣！扣除前後噓寒問暖，你有大約半小時可以回答。回答得好，你就過了三關中的一關，如果三關都過，年薪台幣千萬！

哇塞，到底什麼答案這麼神奇？這時候，你一定會急著回答：「我要開發可以約朋友一起在 Facebook 上視訊慶生的功能，還要可以送禮物給壽星的功能，以及⋯⋯」然後，你就被拒了。

「為什麼？我講得很好啊！」你不服氣地跟我抱怨。

其實你開頭兩個字就錯了。哪兩個字？「我要⋯⋯」哪裡錯？因為你一下子就跳到答案。除非你剛好是天才，早就把前面 20 個階段都想清楚，不然答案十之八九肯定是錯的。原因在於：哪有這麼剛好，你馬上就知道自己給的這個答案符合消費者需求、跟其他功能相較之下比較容易開發、競爭對手做不到⋯⋯！

要回答這個面試題之前，先想以下 3 件事：

1. **公司的願景和使命**：啊，願景和使命不是只是拿來放牆上海報用的嗎？不是不是，你注意一下，Google 和 Facebook 都在做電商購物，但 Google 的做法是當你搜尋的時候，它會幫忙整理同樣的商品在哪幾家零售販售，以及各家的價格。至於 Facebook 做的電商購物，著重於網紅行銷、用戶彼此在社團內買賣東西。因為 Facebook 的使命是「讓世界更緊密」。所以理論上，公司做的一切事情都應該和這個使命相關。

2. **用戶的痛點**：思考產品的用戶（壽星、會一起慶生的親近好友，還有跟壽星不熟、每年生日會寫個「生日快樂」裝熟的 Facebook 朋友）、用戶的痛點，以及根據選擇條件，選擇一個要解決的痛點。

3. **用戶痛點的解決方案**：接著你就能開始想有哪些功能可以解決這個痛點，比如「可以錄一段影片」「壽星可以指定捐助的慈善機構請大家捐款」「Facebook 可以幫你找出你和壽星的舊照片」「寫『生日快樂』就會有動畫」等，並且根據選擇條件，選擇一個要執行的方案。

你發現了嗎？ Facebook 考的不是「點子王」，而是

實力開外掛

有沒有辦法一層一層推解，把天馬行空、還沒有解答的問題，靠邏輯找出可以執行的具體點子。

　　這跟傳統面試裡，主要是了解你的履歷有很大的不同，因為在傳統面試裡，考官主要想知道的是「你以前有沒有相關經驗」，但在這些頂尖的科技公司裡，雖然相關經驗還是很重要，還要能夠創新，但創新不是靠點子，因為點子不值錢，能夠在數不清的點子裡理出頭緒，了解哪個才是最重要，而且能夠具體執行，實踐空想的願景，才是王道。

■ 考題 2：Facebook 剛推出表情符號，你要怎麼評估這個新功能的成效？

　　Facebook 考產品經理和資料科學家都固定會問這個關於分析的問題，題目看似是數據分析，其實考的全是思考能力。

　　大部分的人第一個反應就是說「很多人用」。錯！

　　「做功能就是要很多人用啊，不然幹麼做？！」

　　你仔細想想，「很多人用」或許是一個評估指標，但並不是真的目標。

　　表情符號的用戶有兩個，一個是給表情符號的人，一

個是收到表情符號的人。對前者來說，表情符號的功能、目標，是為了讓他們更好地表達自己的情緒。對後者來說，為什麼要讓他們收讚、表情符號？是為了鼓勵他們，讓他們貼更多的文。所以要怎麼評估表情符號？

對回文（使用表情符號）的人來說，應該是「按讚加上表情符號」多過於「按讚」，這樣才能證明「表情符號幫助回文的人更好地表達自己的情緒」。

對貼文（收到表情符號）的人來說，應該是「收到表情符號的人，貼文更多」，這樣才能證明「表情符號幫助貼文的人得到更多鼓勵」。

「哇噻，這好難喔！」

你給了我一個「哇」的表情符號。

其實仔細看，真的不難，面試個數據分析師也沒考你數學啊！但對我們這些在亞洲填鴨式教育長大的小孩，確實是需要適應一下，因為我們總覺得每個題目都有正確答案，背起來就對了。但思考能力正是頂尖科技公司人才最需要的技能，因為你創造的是未來，沒有人知道答案，包括你，所以他們要找的不是「知道答案的人」，而是能靠邏輯、架構，思考找出答案的人。

好啦，現在可以給我一個「愛心」的表情符號了吧！

8

讀顧客心的能力

　　不論你是產品經理、業務、行銷、客服、創業家，甚至工程團隊、數據團隊，最重要的事情之一就是了解你的顧客，企業對企業的公司，重視的是「客戶」（client），消費者的公司重視的是顧客（customer）和消費者（consumer），科技公司重視的是用戶（user），媒體公司重視的是閱聽眾（audience），不管是誰，反正了解你要服務的客群，是策略、執行之前的第一步。下面我就簡略統稱為「顧客」。

　　很多人問我：「做行銷很吃文化耶！妳又不是美國人，怎麼在美國做行銷、建產品？」如果依照這個邏輯，那每個台灣人做給台灣人看的廣告應該都很棒囉？每個美國人做給美國人的 App 應該都很好用囉？然後公園我隨便抓一個老阿公就可以請來做行銷囉？不是？但是阿公很懂當地文化耶！不是說懂文化就可以做出好的行銷和產品嗎？當然不是！

　　我在美國第二大零售集團 Target 工作時，隔壁手機電商部門全是一些酷酷的年輕科技男，當時「全通路零售」（Omnichannel Retail）的概念很夯，就是線上與線下整

合，於是他們就做了一個「店內 GPS」的功能，消費者去 Target 前先列下購買清單，到了店裡打開 Target App 就變成 GPS，可以指引你到每個商品的所在地。以後還可以順便做擴增實境之類的功能，到某個地點時，手機掃一下就可以看到廣告，根本在多年前就超前部署做元宇宙了！超酷的！結果，功能推出了，每家店、每週不同商品都在不一樣的位置，成千上萬的商品經過浩大的工程，終於可以用 GPS 在室內微定位，放鞭炮慶祝產品上線（喔，美國沒有放鞭炮，我們都是開香檳），結果……那個功能幾乎沒有人用。

爲什麼？你想想，你媽去住家附近的超市，那家已經去了 10 年的超市，她在店裡需要 GPS 嗎？況且是那家很好逛、她進去都要逛很久才出來的超市，家裡小孩很吵，她去逛街可是難得悠閒的放風時間，她會想要用 GPS 叫她「向左走、向右走」嗎？她就是去迷路的啊！對的，她確實偶爾離開超市才發現忘了買一樣東西，但是那個「痛點」沒有大到讓她放棄「去逛逛」的樂趣啊！那群美國科技男因爲把「自己」當成了「顧客」，忽略了做用戶訪談、深入了解用戶的過程，因此浪費很多時間做出了用戶不愛的產品。就像是有名的亞馬遜 Fire Phone 大失敗，事後員工向媒體說：「失敗的原因是我們的手機是設計給創辦人傑夫·貝佐斯，而不是針對顧客。」

我在 eBay 擔任手機電商新興市場的產品長時，負責帶領團隊建置南非、墨西哥、阿根廷、愛爾蘭、澳洲、新加坡等地的網站和 App。很多人覺得不解，一個在矽谷的台灣

人，怎麼有辦法做這些國家的產品？我倒覺得這是一件好事，因為要做出好的產品，最重要的就是深入了解顧客，很多時候，產品做不好，並非因為沒能力，而是覺得自己就是顧客，就不經意地略過了解顧客的基本功，我完全不懂這些市場，因此就被迫回到產品經理的第一步：了解顧客。

好啦，了解顧客很重要，那怎麼了解？讓我來分享一下矽谷頂尖科技公司做產品和行銷的方法，我想不只是產品和行銷，也很適用於各部門呢！

用戶分析：人物誌

用戶分析其實就是了解你現在的顧客是誰？未來可以吸引的顧客是誰？最後決定產品和服務到底要針對哪種顧客？其實你仔細想想，好產品的用戶都是挺清楚的。我們通常會做出一個用戶畫像，稱之為「人物誌」（Persona）。

這時候，你開始提起筆來，開始寫「20 ～ 30 歲的男生，喜歡運動……」啊！等等！人物誌不是自己想出來的！它是透過訪談與數據分析後，把真正蒐集到的資料整理成一個綜合的人像，但每份資料都要有證據。

要知道到底用戶是誰，有兩種方式，一個是訪談你現在的用戶，但能訪談幾十個人就很了不起了，所以當然也需要看數據。

你可能會想：「好衰喔，我們公司沒調查研究人員，所以連訪談都要自己做！」唉呀，能了解顧客、跟顧客直接互

動，是很有趣的經驗！像我後來去了 Facebook 等大公司工作，常常用戶訪談都要很多單位核准，一關又一關，最後訪談都是市調單位外包給市調公司，市調公司再發包給小市調公司，最後不僅我自己沒機會跟用戶對談，來的報告也都已經失真。能第一手了解顧客的痛點，幫他們解決問題，是非常珍貴又快樂的體驗！就像是廚師現場看到客人吃到自己好手藝的喜悅。

我在 eBay 工作的時候，墨西哥團隊雇用了市調公司，花了幾萬美元，同一時間，新加坡團隊的產品經理自己做了調查，當然找受訪者花了些時間，但是結果差不多，所以有錢雇用市調公司當然很好，不過沒有也別擔心，自己來也可以的！

過去在大公司，市場調查都是很零星的，因為公司內已經有很多資料，所以通常只需要針對特定的點做分析，但我在新創公司的經驗發現，如果必須對整個市場和顧客做大方向的分析，就分 4 個階段依序進行，會最有效率：

1. **上網搜尋資料：**對於市場到底走到哪了，在大方向上有些概念，這樣我就可以提出想問顧客的問題。

2. **顧客訪談：**我會訪談至少數十位（潛在）顧客，了解他們有哪些痛點。

3. **問卷調查：**顧客訪談很棒，但沒辦法很大量，知道痛點後，就可以做問卷了解哪些痛點最多人有，我通常會找幾百位（潛在）顧客做問卷調查。

4. **小組訪談：** 在之前的顧客訪談中，因為被提出的痛點很多，所以很難深入了解痛點，透過問卷調查後，了解最多人有的、最大的痛點，我就可以小範圍深入了解這些痛點和構思解決方法。

　　在第三階段做問卷調查的時候，能問顧客：「這件事重不重要？」「有多常發生？」接著你可以做成表。如果是「顧客覺得很重要，但對現有解決方法很不滿意」，就可能是機會點。另外，如果「顧客覺得不重要，但對現有解決方法很滿意」也有可能是機會點，因為你或許可以提出更便宜的解決方法。下面美國西北大學教授 Mohan Sawhney 和 Birju Shah 上課用的圖表給你參考。

圖表 8-1　**用顧客對現況的滿意程度和問題的重要程度，找出機會點**

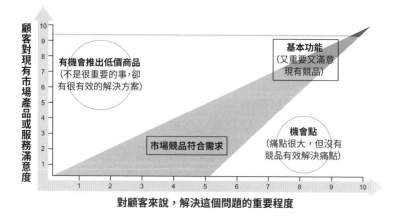

訪談顧客盡量提開放性的問題

千萬不要以爲公司數據很多就不用訪談，那你可就錯了！你也知道的，數據很雜亂，背後常常都有很多難以發現的洞察，比如說，我的男裝租賃公司 Taelor 請顧客做風格問卷，結果發現很多人選經典款。跟用戶訪談後發現，原來是其他幾個選項「運動休閒風」「極簡風」等太難懂，加上經典款就是第一個選項，用手機操作不必下滑就可以點，所以他們都點那個，根本不是因爲喜歡經典款！我過去服務過再大的公司，像是 Facebook、eBay、Target，都還是會做用戶訪談。

用戶訪談要特別注意的是，盡量問開放性的問題，爲什麼？因爲如果你問：「你會想省錢嗎？」對方說「會」，就答完了，那怎麼找得出洞察啊！

讓我們用 Airbnb 來練習一下！

（×）不要問：你有沒有聽過 Airbnb？
（○）可以問：你旅行前都怎麼決定要住哪？

（×）不要問：你選擇住宿時，有沒有考慮要省錢？
（○）可以問：你選擇住宿時，通常會考慮哪些因素？

假想你是 Airbnb 的創辦人，當時還沒有 Airbnb，你想知道 Airbnb 是不是個好點子，但要是直接問人：「你會不會願意跟陌生人分租民宿？」用戶很可能就會被你引導而贊

成你的想法。這時，比較好的問法是：「你決定要住哪裡的過程中，最困難的點在哪？訂飯店或找住宿的過程中有什麼不滿意？你曾做過哪些事試圖解決這些困難？針對你為了解決這些困難所做的事，有哪些地方還不夠好？為什麼？」

當然，你是希望有人跟你說「我試著找陌生人分租民宿」，因為你真的很愛這個點子啊！可是，大多數的時候，你我的點子未必很好。聆聽顧客才能找到最棒的解決方法，所以一定要耐心忍住，不要推銷自己的點子啊！因為一旦推銷了自己的點子，這個受訪者就知道你的立場，之後的回答就不準確了。這就跟你向女生表白一樣，一旦表白了，就回不去啦！

訪談步驟及訣竅

1. **決定訪談結果要拿來做什麼決定**：常常我們會說「我們來做調查！」結果做完以後大家看完簡報就拍手叫好，然後……什麼事都沒有發生，大家只是「喔，知道了」。那沒有用啊！你得先想好會因為訪談結果而做出什麼決定，這樣才能確保訪談結果會被用到，真正帶給公司影響力。

2. **決定受訪者的條件**：你的顧客肯定不是所有的人，雖然你的目的是透過訪談過程找出目標顧客，但大方向上你應該已經有了概念，比如 eBay 拍賣的受訪者是過去一年有在二手網站買過東西的人。你得列出受訪者的條件，問對的人得到的洞察才有用啊！

3. **準備訪談題目：**如果你訪談 20 個人，那每個人的題目都要一樣喔！當然，你可以只是探索性質跟每個人都聊聊，但如果你是要針對某些問題做正式的訪談，那問每個受訪者的題目要盡量一樣，這樣才有辦法得到同一個問題不同人的回答，才不會一個人說 ....，然後你就以為全部的人都會這樣回答。而且如果你不準備題目，就會開始亂聊，這時候，你就會不小心表白，啊，不是啦，就會不小心推銷自己的點子，然後你的訪談就泡湯了！

4. **準備訪談素材：**如果想要測試廣告、設計、文案，事先請你的產品設計師、行銷等單位把資料準備好。

5. **兩天、一天 6 到 8 場：**通常我們會做兩天的訪談，不管是一對一或是集體小組訪談（focus group），因為再多也做不來；太少的話，又沒有足夠的資訊充分了解用戶。

6. **營造感覺私密的環境：**如果是專業的訪問，通常會在有單面鏡子的房間，就是外面可以看到裡面，但裡面看不到外面的那種，目的只是讓一堆人可以看受訪者，但受訪者又不會覺得很多人看而增加壓力。如果沒有專業市調房間也沒關係，在視訊會議上只要請沒有要發言的人關掉鏡頭就可以了，重點只是要營造感覺有些私密的環境，好讓受訪者放心說出真心話。我在 eBay 工作時有次在墨西哥訪談，訪問者是個年輕的帥哥，或許是因為單面鏡子讓環境感

覺太私密,女受訪者竟然跟訪問者示好,約他結束一起喝咖啡。讓知道外面有一堆人在看他的訪談者好不尷尬!此外,如果是在有單面鏡子的房間,通常「觀看間」幾乎都沒有燈,因為這樣「訪談間」才不會看到「觀看間」有人。我有次去南非做市調,時差加上黑暗的觀看間,就不自覺呼呼大睡,所以要去「觀看間」看訪談,咖啡因可要補足啊!

7. **雲端文件做筆記:**千萬不要以為你觀看訪談,就會記得重點,一天下來總共 8 場訪談,如果是小組訪談,每組又有 5 到 10 人,你肯定記不清楚誰說什麼,所以事先把訪談問題與受訪者寫在 Google 試算表上,連觀看者都寫好,這樣才會確保每個觀看者都有認真觀看與做筆記。

8. **訪談結束後立刻討論摘要:**剛訪談結束,大家的記憶猶新,一定要在中場休息,或至少當天結束就做討論。要請大家立刻說一下重要心得,整理成重要洞察。雖然有做筆記,但要是當天沒有討論,事後要從繁雜的筆記找出端倪、重新回憶,都會大幅減少效率和精確度。

用外部工具和內部資源蒐集資料

雖然訪談極度重要,但當然沒辦法靠少數受訪者了解顧客的全貌,所以你可以做一些內部訪談,詢問主管、業務、產品經理、數據分析師、客戶服務人員、商業發展經理、夥

伴經理、行銷經理、用戶體驗設計師、社群小編、公關公司
等。還有，放大眼界向外看也很重要，用內部工具和外部資
源做搜尋，可以找到很多資訊，記得先想想你到底要用這些
資料回答什麼問題。

圖表 8-2　**用外部工具和內部資源蒐集資料**

目的	要回答的問題 （用 Target iPad App 舉例）	工具
用產業報告了解誰可能成為你的顧客	是誰在用平板？	產業報告網站 （ComScore、eMarketers、Forrester、Gartner、Nielsen、Quantcast）
用自己的數據看現有的顧客是誰	誰在用平板上 Target 的網站和 App？	內部的網站分析工具 （App Annie、Facebook 分析、Instagram 分析、領英分析、Google 分析、奧多比分析、Foursquare、Quantcast）
用第三方數據看現有的顧客是誰	誰在用平板上 Target 的網站和 App？	外部的網站分析工具 （SEMrush、App Annie、Quantcast、Majestic、Spyfu）
用問卷了解現有顧客的行為和想法	現在的顧客覺得我的產品如何？	問卷工具及顧客行為想法蒐集工具 （Foresee、App Store 商品評價、Apptentive、Google 表單、SurveyMonkey）

人物誌的產出步驟

好啦，你現在有了許多關於自己顧客畫像的資訊，就可以開始把相關的資訊做成人物誌。步驟如下：

1. 蒐集顧客資料

記得，人物誌是從真實的顧客資訊來的，不是憑空想像。通常我們會深入了解顧客的目標、痛點、身邊誰會影響他們、他們常用的工具和媒體、別人怎麼形容他們、每天的日常是什麼等。

2. 整理顧客資訊

找出跟你要做的決策相關的資訊，尋找相似點和不同點做分類。通常我們會有 3 到 5 個人物誌。甚至也會把雖然是我們現在的顧客，但暫時沒有要針對這類顧客的人物誌做出來，因為知道「誰是我們的顧客」當然是很重要，但知道「誰不是我們顧客」也很有幫助呢！

3. 建立人物誌

很多人會問我：「人物誌上要有什麼資訊？」其實真的沒有一定，你就想哪些資訊跟自己要做的產品、服務、行銷有相關，以及對你要做的決策會有幫助，放這些資訊就對了！常見的資訊會有：

（1）**名字前的形容詞**：通常會用最重要的一個形容詞

　　來描述這個人物誌，例如：喜歡比價錢的、忙碌又疲勞的、社交活躍的。

（2）**名字**：是一個假的名字，但是會選一個符合這個年齡、性別的名字。

（3）**人物誌說的一句話**：一句描述他們的態度和信念、或是在意的事情的話，比如業務員會說：「我要確定自己的客戶都有正確的訂單資訊。」至於比價的媽媽會說：「我對找到最有性價比的商品和合理價錢覺得很驕傲，平板就是我省錢的工具！」

（4）**動力**：他們的目標、需求、渴望。

（5）**行為**：他們通常都做些什麼？怎麼做跟我產品有關的事情，比方說，他們的購物型態是什麼？他們的痛點是什麼？

（6）**細節**：像是年齡、性別、地點、背景、技能、婚姻狀況、信念、生活態度、生活方式等。但要小心，如果是跟你要做的產品或行銷沒有相關的資訊，就不需要附上。

　　通常人物誌就是 5 到 10 頁的投影片或是 pdf 罷了，就算只有 1、2 頁也沒關係，重點是幫助自己和團隊在面臨各類決策的時候能回頭檢視自己的顧客畫像，確認做出的決定符合顧客的需求。而且文件也盡可能不定時更新。雖然在 Facebook，有些單位不相信人物誌，因為他們相信自己要做

的產品是世界上每個人都要用的，但大部分的公司會用人物誌專注顧客畫像，畢竟如果想要賣東西給所有人，可能最後就沒有任何人喜歡你的產品、服務或是行銷了！

你的顧客可能跟你想的不一樣

Facebook 全球上網計畫的困境

　　我負責 Facebook 全球上網計畫的行銷時，計畫的願景是要幫助還沒有上網的人能夠有網路，進而降低數位落差，其中一個產品是臉書無線網路（Express Wi-Fi by Facebook），為了要了解顧客，我們安排兩趟市場調查的旅程，一趟是去迦納，另一趟去肯亞和奈及利亞。

　　我們先去了迦納，不確定是不是當地常見的食物，但旅程中我吃到的迦納麻糬很好吃，麻糬放在魚湯裡，湯呈現鮮橘色，真是想不到的美味組合。迦納以出產布料聞名，很多裁縫師會到飯店為遊客量尺寸，幾天內就會送訂製好的洋裝到飯店，同事們也興致勃勃地想要嘗試，當地裁縫師不收信用卡，只收現金。我們住的是五星飯店，其中一個同事在飯店裡的提款機提款，怪了！卡片在提款機就卡住了，一番折騰後，還是拿不出卡片，最後同事只好打越洋電話掛失。沒想到同事收到的洋裝一點都不合身，回到矽谷，她就把洋裝拆了變成桌巾，幾週後，她戶頭裡的存款竟然全部不見！雖然最後錢拿回來了，卻耗費了幾個月和銀行文書來往！

　　從迦納回來一、兩個月後，我又從矽谷帶了行銷經理

Nupoor、James、Ekram 準備前往非洲的肯亞和奈及利亞做市場調查。抵達非洲前，我計畫先拜訪在以色列的無線網路產品經理。另外在印度的行銷同事也跟我們在非洲會合。

　　在以色列開完會後，我們抵達了肯亞。肯亞是個步調有些放鬆感的國家，遇到的人普遍有些內向，店員不會主動來攀談，會遠遠地看著你，給予空間。在肯亞時，印度來的同事感染了病菌，大拇指腫到原本的 3 倍大，最後我們只好送他去當地的醫院，第一個醫生看了看，沒說話就離開診間，接著第二個醫生也來了，也沒說話就離開診間，後來第三個醫生進了診間，看了看說：「Oh! No!」（糟了！）接著就說要讓他立即手術，打了麻醉藥後不知道為何好像沒效，後來就直接開刀了。

　　經過一番波折，我們完成了肯亞的用戶訪談，準備飛往奈及利亞，在肯亞機場的時候，航空公司說我和行銷經理 Nupoor 的文件不齊全，不能上飛機。幸好飛機誤點，我還有一些時間，我急著打越洋電話給在加拿大的簽證公司，也管不著是加拿大的晚上，承辦員聽起來半睡半醒，急忙幫忙處理。Nupoor 也在一旁猛打電話聯繫她的簽證公司。乘客開始上飛機了，最後只剩我、Nupoor，還有一旁等我們的保鑣。

　　「最後 5 分鐘！沒有文件，就請你們出去。飛機要起飛了！」肯亞空姐氣急敗壞地說。Nupoor 手機響了！她拿到簽證了，跟保鑣一起上飛機。我嚇死了，保鑣和其他人都要去奈及利亞，留我一個人在肯亞怎麼辦？！最後一刻，簽證

公司的 Email 來了，我衝上飛機。

　　踏上飛機時，小小的商務艙裡全是同事，大家歡呼了起來，替我開心！原本我坐的是商務艙，但因為遲遲沒拿到簽證，航空公司把我的位子讓給其他人，於是我拉開分隔商務艙和經濟艙的簾子，往經濟艙走。一開簾子，經濟艙的乘客全都臭臉瞪著我，也是啦！飛機原本就誤點了，現在又因為我再次耽擱，我尷尬地走到飛機後段。

　　終於抵達奈及利亞，進海關的時候，印度同事先走，奈及利亞海關對他說：「我要你的太陽眼鏡！」印度同事以為自己聽錯了，回答「啊？」，海關又說了一次，印度同事大概是覺得自己在肯亞做手術，已經夠衰了，現在還得被要求賄賂，一股氣上來，大聲說「No!」，海關大概不想惹事，放他走。

　　輪到了我、Nupoor、James 和 Ekram，Nupoor 是漂亮又努力的印度裔美國人、James 是個會說中文的芝加哥白人、Ekram 則是在美國長大的巴基斯坦人。我們每個人的簽證都有不同的問題，我必須把剛剛好不容易拿到的簽證印出來，Nupoor 和 James 必須上網填寫資料後現場付費，Ekram 最慘，海關說他的「簽證」是詐騙集團網站上申請的，根本是假簽證！我們的保鏢是奈及利亞人，海關不敢刁難他，他已經出關，急忙去找影印店幫我印簽證。

　　Nupoor、James 因為漫遊網路不能用，當地接機司機隔著玻璃門，分享手機熱點讓他們上網付款，但奈及利亞政府網站很難用，他們倆弄了將近一小時，好不容易填完資料準

備付費。收費的承辦人員是個中年婦女，Nupoor 付款時，承辦人員說：「我們不收信用卡，只收金融卡！」Nupoor 只好又回到小房間跟我們借金融卡。接著輪到 James，承辦人員看著他有說有笑，接著說：「啊！其實信用卡也可以！」雖然覺得很無言，但也慶幸我、Nupoor、James 總算都拿到簽證，能到奈及利亞做市場調查。

可憐的 Ekram 因為是假簽證，新的簽證根本不可能在幾個小時內搞定，於是被滯留機場。海關說要立刻遣返他，雖然 Ekram 是美國居民，但他抵達奈及利亞前的最後一個航段是從肯亞出發的，所以會被遣返回肯亞。不過當天已經晚上，沒有飛回肯亞的飛機。我們只好無奈留他在機場。

離開後，海關一度拿走了 Ekram 的手機，後來有個神祕婦女說：「你給我一點錢，我可以幫你拿手機回來。」接著，Ekram 假裝要用洗手間，在機場找到了付費的無線網路，跟我們聯繫，他說自己一早就會被遣返，要我們幫忙想辦法。我們聯繫了當地政要、美國使館，但都沒有音訊。

隔天下午，Ekram 被遣返到肯亞，抵達肯亞時，他原本的肯亞簽證因為是單次入境，已經失效，加上他是被奈及利亞政府遣返，肯亞政府不願再次核准單次入境簽證。Ekram 這下被困在肯亞機場，面臨再次被肯亞政府遣返到上一個旅行國的風險，而且，Ekram 抵達肯亞前在以色列，Ekram 拿的是巴基斯坦護照，以色列和巴基斯坦有歷史恩怨，要是被遣返到以色列，不知道又會面臨什麼樣的困境。Ekram 在肯亞機場枯等，航空公司地勤人員竟然又說：「我不確定能不

能還你護照。」花了不少錢後，他總算拿回護照，這時，他已經一天多沒能睡覺。最後 Ekram 於再次被遣返前拿到簽證，終於抵達奈及利亞。Ekram 雖然拿的是巴基斯坦護照，但其實他從小在美國加州長大，幾乎沒出過國，一直都在舒適圈裡工作，他說：「這趟歷險讓我開了眼界，我頓時覺得自己成熟了些！」

好啦！好不容易人員到齊，我們開始了奈及利亞的旅程，奈及利亞和肯亞完全不同，大家都穿鮮豔的衣服，有不少男女穿著亮黃色和花紋的褲子，路上充滿喇叭聲和叫賣聲，還沒走進店裡，店員已經走出商店在外叫賣拉客，積極、大剌剌的文化跟肯亞截然不同。因為當地治安不佳，有不少車陣中綁架的事件，我們除了保鑣，車子前後還各有一台警車開道和防衛，裡頭有 6、7 個荷槍實彈的警察。因為當地沒有像樣的市調場地，我們在當地的訪談就直接訂了兩間大的飯店房間，裝上螢幕、攝影機，改裝成為訪談空間，一間是「訪談室」，一間是「觀察室」。

說了這麼長的故事，兩趟旅程後，我們發現一個事實：Facebook 無線網路的現有用戶根本和我們想像的不一樣！我們的願景是幫助沒有網路的人上網，但其實當時的用戶是已經常上網的年輕人，他們之所以會買 Facebook 無線網路，是因為手機上網太慢，需要用更快的無線網路工作、看影片、做作業等。

這時候怎麼辦？我有兩個選擇，一個是裝作不知情，繼續做行銷，但這可能代表我的行銷會根本沒效，因為想要主

打的顧客和公司的願景、產品，三者間沒有契合；或是跟公司提報修正策略，但說不定公司覺得臉書無線網路沒辦法實現原本的願景和目的，搞不好整個部門會被裁掉。這在做事邏輯清晰，決策快、狠、準的矽谷快步調科技公司很常見。

我決定向公司提報兩個方案，一個是維持原本的願景，找還沒上網的人訂購我們的無線網路，但是獲客成本就要大幅提高，因為這些人並沒有在用我們的產品，可見要找到這些人得花費更高的成本，但這些人因為還沒上網，對公司或許更有價值，因為他們可能也還沒有上 Facebook、Instagram、WhatsApp 等，所以會是公司產品的新用戶。另一個方案則是調整原本的願景和目的，從「幫助更多沒有網路的人上網」調整為「幫助更多人有更快的網路、能更常上網」，我們的現有顧客是已經常上網的年輕人，要找到更多類似的顧客應該不難。後來公司決定調整願景和目的。

Facebook 平板 Portal 的驚訝發現

類似的案子也在平板電腦 Portal 上發生，Portal（現稱 Meta Portal）是類似 iPad 的大平板，特點是會追蹤你的位置。當你一邊跟對方視訊、一邊在家裡走動的時候，鏡頭會跟著你。公司一開始製作產品的時候，想像的顧客是年輕的遠距情侶，可以開著視訊各做各的事情。沒想到推出後，竟然主要的用戶是阿公、阿嬤。原來，Portal 有一個擴增實境說故事的功能，相當受歡迎，阿公、阿嬤可以在跟孫子視訊的時候順便說故事，透過擴增實境，小孩子會看到相關的卡

通。後來因為這樣，Portal 就調整了行銷策略。

送禮公司 Giftpack 的轉型

　　台灣企業送禮新創 Giftpack 起初做的是給消費者 3 小時內跨國送禮的服務，主要的用戶畫像是遠距的戀人，創辦人 Archer Chiang 住在美國，想要送禮給住台灣的女友時發現了痛點，雖然顧客都很喜歡這樣的服務，但顧客群總是成長不起來，畢竟要送禮的遠距戀人是個小眾。後來他發現，送禮的過程中最難的是不知道要送什麼，而且要經常送禮的人主要是企業的人資、業務部門，於是公司轉型成為企業送禮平台，幫企業透過人工智慧選禮、送禮，因此快速成長。

　　說了這些故事，主要是要讓你知道，你現在已經有的顧客不一定是對的顧客，有可能因為你的產品、行銷，而沒能吸引到對公司最有價值、最多的顧客群。因此，除了了解你現在的顧客，退一步研究可能顧客畫像也是很重要的。

用戶分析：用戶體驗地圖

　　人物誌雖然很棒，但有個不足，就是它只形容了你的用戶是誰、想法觀點與行為是什麼，卻沒有說他們用你的產品時和使用的前後，是在什麼情境下。人物誌像是個點狀的靜止縮影，卻缺乏了時空、線性的概念。因此，它總是跟「用戶體驗地圖」（User Journey Map）同時出現。

　　用戶體驗地圖其實有點像是用戶的日記，但特別著重

在他們跟你的產品接觸前後的時間，以電子商務為例，最常見的用戶體驗地圖，就是從認知到有這個商品、考慮這個商品、決定要買這個商品、購買的過程、用了產品以後退貨或是推薦給朋友。

用戶體驗地圖有幾個目的：

1. 幫助你進入情境，了解用戶在用你的產品時，是在什麼樣的時空背景中。同樣一個人，在不同的情況下，可能有不一樣的需求和想法。

2. 點出每個在地圖上顯示有痛點的地方，因為如果可以解決這些痛點，就變成你的商機！如果是科技團隊，痛點就成了產品功能點子。

3. 了解在考慮你的產品時，吸引用戶的點，就能拿來做為行銷或產品進一步開發的點子。比如我們發現印度用戶聽到「臉書無線網路」時，覺得有矽谷科技公司的招牌很酷，所以做行銷時就特別著重品牌。

你可以從洞察找出商機，也能從地圖清楚看出阻礙顧客使用你的商品的原因，以及吸引他們使用的誘因。

圖表 8-3　**用戶體驗地圖例子：臉書無線網路**

	1 知道 有臉書網路	2 考慮 訂臉書網路		3 試用 臉書網路	4 訂了 臉書網路
阻礙	手機店沒有臉書網路的廣告	沒有網站		沒有試用	
誘因	臉書網路名字聽起來有大公司很可靠			店員推薦	臉書網路很快
洞察	我擔心臉書網路只能上臉書	臉書品牌感覺很酷	買之前我想要做些研究	我想要試看看網路快不快	試用怎麼一下 data 就用完了？（原來是手機主動更新 App）
機會	訓練手機店員工對顧客解說	把科技、夢想等情緒放到廣告裡	網站寫清楚無線網路的方案	提供試用	提供一日免費，而不是幾 g 免費

　　舉例來說，我發現在 Target 百貨消費的女性在沙發上用 iPad，她們會逛一下美國的社群媒體 Pinterest 和 Instagram，偶爾發現很不錯的東西就會想買，但通常還得問一下別人：「你在哪買？」然後還得上網搜尋，找到賣家。因此，我的團隊就有了一個假說，就是「在 Target 百貨的 App 上，如果可以看到其他網友在 Instagram 或 Pinterest 上公布和 Target 商品相關的貼文，能連結到商品，這樣消費者就會在 Target 百貨的 App 裡逛，而且直接購買。」

　　你可能會想，可以用 Google 分析之類的工具，一步步找出用戶在當前網站的使用情況，然而，在 Google 分析，只看得到用戶如何使用你現在的網站或 App，看不到他們使用前後的行為，比如 Target 的女性消費者使用前後正在吼小孩，或是在煮飯，而且看到用戶的使用行為，也是根據你已經做出來的網站或 App 而有的行為，無法知道如果你當

初做了一個不同的網站或 App，用戶的行為會是怎麼樣。

　　再舉一個例子，叫車平台 Uber，靠使用用戶體驗地圖，來分析用戶離開演唱會這類大型活動的痛點，比方說，他們發現，用戶不確定要不要早點走來避開人潮、離開時不確定要去哪裡等車、覺得肚子有點餓，但不確定附近哪裡有東西吃、不確定 Uber 或它的競爭對手 Lyft，誰比較便宜，還有叫了車之後會不會等很久？叫車的人太多了，車來的時候很難找哪一台是自己叫的車等等。

　　根據上面得出的用戶痛點，他們想到了一些點子，舉例來說，讓用戶事先預約回程的車，演唱會快結束的時候，App 就會提醒用戶，提早離開的話可以省多少錢；也會告訴他們附近有哪些 Uber Eats 的合作餐廳，如果吃個晚餐，晚點走可以避開人潮；還會讓用戶知道附近有哪幾個等車點，幫他們計算如果多走 3 分鐘，就可以少等 10 分鐘的車。此外，當你在機場叫完車以後，App 不會告訴你叫到了哪台車，只會給你一個號碼，告訴你走去哪一個等車的地方，你到了以後，就上第一台排班的 Uber，上車後給司機你的專屬號碼，車就會跟你的 App 配對，載你回家啦！

　　再舉一個例子，我在 eBay 工作的時候，發現大家在平台上賣東西之前，會先搜尋類似的商品，看別人都賣多少錢，因此後來我們就在搜尋結果的頁面旁邊，放了「上架商品」的功能，讓看完類似產品的賣家可以直接開始賣東西。這樣的資訊，就是在人物誌裡看不到，只有進入用戶的情境，才能清楚發現痛點，做出適合的產品功能。

　　我在 eBay 工作的時候，每個禮拜客服會接到數百封用戶來電或來信，我的老闆 Ariel，就是那個很愛叫我 Anita 的阿根廷人，是新興市場部門的總經理，手下 100 多個員工，他每個禮拜會花時間至少打給一個用戶，了解他們使用產品的過程，了解爲什麼我們的產品還不夠好。看到他的親力親爲，我也常電話拿起來，打出去就是南非的用戶。曾經有一次，我覺得很困惑：爲什麼很多南非用戶在平台上賣東西，卻不完成上架的流程？電話一問，用戶才說，因爲公司的 App 要求知道他們的地點，雖然我們是好意，想說可以讓用戶找到家裡附近販售的二手商品，但當地治安不佳，用戶擔心要是鄰居知道他家有大電視，晚上就來搬走了！如果我們只有人物誌，可能很難考慮到這些小地方，但有了用戶體驗地圖，一步一步了解用戶在上架的過程會有什麼痛點，就能夠做出符合當下情境的產品。

客戶任務

　　客戶任務（Job-To-Be-Done）的概念是，顧客通常購買商品或服務，是因爲他們有個特定的「任務」（job），因此才「雇用」（hiring）這個商品或服務替他達成任務。很多時候，「任務」並不是那麼顯而易見，但深入了解「任務」才能提供顧客眞正需要的商品或服務。

　　麻省理工學院史隆管理學院在〈Finding the Right Job For Your Product〉這篇文章中說了兩個故事。一個是有家

公司發現清晨的時候，奶昔賣得特別好，覺得很奇怪，後來才發現，原來是大家早上開車上班，沒手拿早餐，只能喝飲料，但早上肚子餓，想要有點飽足感的食物，於是就買了奶昔，加上開車過程很無聊，奶昔需要用力吸吮，可以殺時間，降低無聊感。顧客試著「雇用」其他的商品，但沒辦法有效完成「任務」，他們試著喝飲料，但是喝飲料一下子就喝完了，沒有飽足感、沒辦法降低無聊，可能還會讓駕駛尿急；他們試著吃麵包，但麵包屑掉得車裡都是；他們試著吃早餐類食物，但開車只有單手能拿食物，早餐類食物不方便吃。所以，你猜為什麼這家公司在奶昔裡加了水果？因為他們覺得早餐加水果更健康嗎？當然不是！是因為水果可以咀嚼，增加通勤的樂趣，還可以殺時間、降低無聊感。

另一個故事是有個非純果汁的飲料，一開始放在果汁區，銷路不佳，後來改到零食區卻大賣，研究才發現，原來顧客想「更健康」，但在果汁區，看到非純果汁的飲料無法達成這個「任務」，但到零食區，相較於其他垃圾食物，非純果汁的飲料就輕易達成「更健康」這個「任務」了。

再舉一個例子，大部分的人為什麼要看天氣？其實我們不需要知道幾度，我們只想要知道「要不要帶雨傘？」「要不要穿外套？」，對吧？所以就有一支 App 叫做「我今天需要外套嗎？」

舉我自己的例子，我睡覺前常會看競爭對手的租衣網站，把我覺得喜歡的洋裝放在「我的最愛」，這不是因為想知道他們產品做得如何，其實我也不追時尚潮流，也沒有

需要在當下選「我的最愛」，只是想在睡前做些不用腦的事情，好讓自己心情沉澱下來，盡快入睡。我的學生說她喜歡看明星八卦新聞，因為看到別人的糗事，就會覺得自己生活沒那麼糟。

如果你能仔細觀察，找出「客戶任務」，就有機會抓住商機。你以前是不是曾經在健身房看大家一邊踩健身器材，一邊帶著自己的 iPad 看影片，還有跟旁邊的人聊天？其實這不就是美國互動健身平台派樂騰（Peloton）所達成的「客戶任務」嗎？！自古以來，多半的「任務」並沒有改變，但因為科技的進步，有了更多達成任務的方法。

「客戶任務」分成 3 種：

1. **功能性任務（Functional Job）**：描述客戶想要達成的工作。
2. **情緒性任務（Emotional Job）**：又分為「個人任務」（Personal Job），指讓個人有什麼樣的感受；以及「社交任務」（Social Job），指顧客希望別人怎麼看他的「任務」，比如你買了特斯拉的車，可能是因為覺得開心，或是犒賞自己的辛勞，也可能是希望其他人覺得你環保又很懂科技。
3. **輔助任務（Ancillary Job）**：完成上述 2 種任務的前後需要完成的任務。

那我們來試著把客戶任務寫下來吧！

圖表 8-4　**客戶任務**

	情境	動力	結果
模板	當＿＿＿＿＿＿	我想要＿＿＿＿＿	這樣我就可以＿＿＿
例子1	當我健身的時候	我想要聽音樂	這樣我就可以有些樂趣
例子2	當學員想要報名課程的時候	我想要知道學生在哪個學習階段	這樣我就可以建議他程度適合的課程
例子3	當我購物的時候	我想要可以找出所有我能用的折扣碼	這樣我結帳時就可以付最少的錢

　　顧客在「雇用」商品或服務以達成「客戶任務」的時候，通常會有一些「雇用條件」（hiring criteria），這常會用「最大化」「最小化」形容。舉奶昔的例子來說會是：希望可以「增加的樂趣最大化」「吃得飽最大化」「把車子弄髒的可能最小化」。

實 力 開 外 掛

數據很好，但「了解人」更強大

你可能會覺得奇怪，時代這麼進步，是不是多用些數據、人工智慧來分析就好了，為什麼還要做這麼多質化的分析和了解？

你可能聽過總部在荷蘭的訂飯店平台 Booking.com，以產品經理看數據做決定而聞名。在這家公司裡，要推出每個功能，都得經過嚴格的 A/B 測試，確認新功能比舊功能帶來更多商業利益。不過前幾年，他們就被 Airbnb 打敗了，怎麼會？

因為當你看數據的時候，數據的本身是來自於上一個產品，也就是說，你永遠是在舊的產品上加強，但是你沒有在創新，也沒有回歸到用戶到底想要的是什麼、痛點在哪裡，想的只是「我的舊產品是這樣，新的要比舊的再好一點」。

就好像汽車大王亨利・福特的名言：「如果我當年問顧客想要什麼，他們會說要一匹跑得更快的馬。」所以，只看數據的缺點是，做不出突破性的產品，因為你只有在優化舊產品，沒有真正解決用戶的痛點。

9

策略力

　　看到厲害的商管書，常聽到「策略」這個詞，大部分的人覺得似懂非懂、很抽象，其實沒有想像中難，擬定策略的能力可以應用在很多地方，比如說，在頂尖科技公司裡，產品通常是公司的核心，因此升遷的關鍵是擬定產品策略。

　　「妳搬到矽谷還順利嗎？」Brad Lucas 問我。

　　2013 年我剛搬到矽谷，剛加入美國第二大零售集團 Target，我的老闆 Brad 是個超級直接的中年白人，他在矽谷已經做 App 和網站 10 多年，不僅對做軟體瞭若指掌，還認識一堆矽谷厲害的人。

　　「還不錯啊，公司幫我租了長期飯店 3 個月，超高級的！」我一時忘了他是我老闆，只想展現「我很好！」的「官方版本」回覆。

　　「聖誕節來我家吃飯吧！跟人聚在一起總比在高級飯店好！」他一眼看穿了我在矽谷還沒什麼朋友，連聖誕節都沒地方去，主動邀請我。

美國零售龍頭 Target 做產品策略

當時 iPad 等平板電腦才剛開始，每家零售商都在討論要怎麼樣才能迎頭趕上，大家都說：「上次 iPhone 出的時候我們在觀望，錯過了搶先做 App 的時機，這次我們可不能再錯過了！」

「妳就負責平板電腦的用戶體驗吧！看是要做安卓 App、iPad App、做網站，還是隨便妳要做什麼，反正 11 個月後、感恩節前，我們一定要讓消費者在平板上買 Target 的商品，達到一天 100 萬美元的電商業績！」Brad 剛從明尼蘇達總部回到矽谷，下飛機時手上還拿著行李箱一邊說。

其實我也不知道要做什麼產品，那就先從了解用戶、公司和競爭對手開始吧！

我發現，原來 Target 的用戶主要是中高收入的已婚女性，她們用平板的時間通常是在家裡的沙發上。

我也發現，Target 雖然什麼都賣，但以生活用品、家飾品、衣服有名，還有 Target 最為人稱道的就是「很好逛」，媽媽們一進店裡就會逛很久。網路上甚至有支影片，在講一群丈夫平常都是在停車場等太太，不然每次跟進去都要在旁邊提包包 2 個小時，實在等太久，有人後來乾脆在 Target 打工，等的時候就把購物車推回原處，還有個人靠著在車上等待的時間完成博士論文。他們後來甚至一起組成了丈夫互助群，一起在停車場打牌，架上電視和烤肉架，還把其中一台車變成幼兒遊戲區、裝上了視訊鏡頭，在 Target 停車場等

太太、顧小孩，再也不無聊了！

　　我也研究了一下 Target 的競爭對手：Amazon 有名的就是出貨快、Walmart 有名的是東西便宜、eBay 有名的是選項很多。然後我也發現 Target 的網站其實不管是在電腦、平板或手機上，都是同一個網站，所以如果想讓平板體驗更好，我得跟在明尼蘇達和印度負責電腦版和手機版的團隊合作。

　　好不容易做完了市場調查、招募好了團隊，我赫然發現，離感恩節只剩不到 5 個月了！糟糕，時間很趕，不可能每項產品都做，那要做什麼樣的產品？

　　首先，我得先決定要做 iPad App、安卓 App，還是優化網站讓用戶在平板上比較好操作。我決定不要花時間優化網站，因為要跟明尼蘇達和印度的團隊來來往往，實在太花時間。那要做 iPad App，還是安卓 App？ Target 的中高收入女性用戶，用蘋果產品的人比較多，因此，只做 iPad App。還有，雖然叫大家下載 App 需要一些宣傳，但 Target 是美國第二大零售集團，大部分的人都會去 Target 店裡購買，所以請大家下載 App 並不難。

策略是消費者要、你可以贏的那個點

　　即使決定只做 iPad App 了，但以有限的時間、資源，不可能每樣功能都做，得狠下心來選最能符合產品策略的功能，可是，產品策略是什麼？

　　產品策略就是你的用戶想要的、你公司很強的、競爭對手不能或不想做的那件事。

圖表 9-1　**產品策略是什麼？**

消費者痛點
你的消費者、用戶、顧客要的

產品
策略

市場欠缺的
你競爭對手不能、不想做的

你的超能力
你特別的價值和強項

　　太抽象是不是？好，用 Target 的故事來說，我決定 Target iPad App 的產品策略是「啓發」（inspiration），Target 的強項就是「很好逛」嘛，本來沒想買的東西一下就手滑了，本來只想買盒蛋，5 分鐘就能搞定的，可是一進店再出來就變成 18 樣東西，還說明天要再來。Target 的女性消費者，也都喜歡在家裡的沙發上用 iPad 的時候，可以像在店裡一樣能瀏覽，看看有什麼東西好買，最好是有人推薦、啓發，好發現新貨、好康，再決定要買什麼。另外，Target 的競爭對手 Amazon 著重於出貨快、Walmart 東西便宜、eBay 選項很多，跟 Target 比起來，它們都沒有「很好逛」，過往一向專注的方向也不是「啓發」消費者。

　　所以，如果我可以把這樣的強項，透過一些功能強化，如此一來，大家在平板上也可以覺得「很好逛」。

決定好了「啓發」的策略，那要開發什麼功能？

好，我就根據這個策略，只開發如果不做，用戶就不願意用的「基本功能」（Table Stakes），以及帶給用戶特別價值的「價值主張」（Value Proposition），以這個例子來說，Target 的「價值主張」就是「啓發」。

我列出了所有可以開發的功能，依照這個準則，以及「感恩節前，在平板電腦上，達到一天 100 萬美元的電商業績」的目標，逐一審視：

1. **要不要做「當日到貨」的功能？**……不要！因爲它不是「基本功能」，也不是「價值主張」。如果用戶眞的很急，就開車去店裡買，或是在 Amazon 上訂貨了。因此，這不是 Target 的 iPad App 可以贏的點。

2. **要不要做「比較價錢」的功能？**……不要！因爲如果是眞的要便宜，他就去 Walmart 買了。

3. **要不要做「比較商品」的功能？**……不要！因爲要是眞的想有很多選擇，用戶就去 eBay 買了。

4. **要不要做「結婚禮物清單」的功能？**……不要！美國有結婚送禮物的習俗，準新人會先到店裡選好自己想要的東西，請大家認領，也就是「結婚禮物清單」的功能。雖然感恩節、聖誕節對消費者來說有點像「過年」，但是美國沒有結個婚好過年的觀念，所以「結婚禮物清單」的功能可以等感恩節後再來做！

5. 要不要做「店內模式」的功能？也就是來到店裡時，App 就會知道你的地點，跟你說某個商品的擺放位置，變成由 GPS 指引你到商品的擺放點？……不要！因為女性在哪裡用 iPad？家裡的沙發上啊！還有，目標是平板上的電商業績，不是店頭業績啊！再說，女性去店裡就是要去「迷路」，東逛逛、西逛逛的，會想要 GPS 叫她向左轉、向右轉嗎？！

6. 當機時要不要修？……當然要！因為它是「基本功能」，目標是平板電腦上的電商業績，一直當機，大家怎麼結帳？！

7. 要不要做購物車和結帳？……當然要！因為它是「基本功能」，不能結帳我怎麼達到一天 100 萬美元的電商業績？！

8. 要不要做一些可以「啟發」大家買東西的功能？像是可以看到社群媒體的貼文，然後直接在 Target App 裡面買？……當然要！因為它是「價值主張」，是用戶想要、Target 很強、競爭對手不擅長的功能。

就這樣，靠著產品策略，我專注在那件凸顯 Target 的「超能力」，也就是可以贏別人的那個強項，暫緩其他不會贏的功能。果然我在 4 個月內讓 App 上線，達到一天 100 萬美元業績，也拿下了 11 個大獎。

小小兵的策略

還是覺得策略很難嗎？那我再以西北大學行銷策略課程裡，用電影《神偷奶爸》裡頭的小小兵來做個舉例吧！

常見的策略有這些元素：大方向上的目的（general goal）、可以量化的近期目標（measurable objective）、策略（strategies）、執行戰術（tactics）、主要的評估指標（key metrics）。

以小小兵來說：

圖表 9-2　**策略的例子：小小兵的策略**

大方向上的目的：成為世界最強的超級壞蛋	
可以量化的近期目標：偷到一顆月亮	
策略	**戰術**
運用新科技	建造縮小燈
取得大筆的資金	從邪惡銀行貸款 100 萬
招募優秀的團隊	建立拉攏小小兵軍團與 3 個小女孩
主要的評估指標：搶先在對手之前偷到月亮	

「大方向上的目的」和「可以量化的近期目標」有時會混在一起，你可以自己視情況斟酌，如果「大方向上的目的」是「減肥成功」，那「可以量化的近期目標」可以是「每週運動 3 次，各半小時」：

圖表 9-3　**策略的例子：減肥**

大方向上的目的：更健康	
可以量化的近期目標：生日前減重 5 公斤	
策略	**戰術**
吃得健康一點	一天不吃超過 2,000 卡， 吃 5 種蔬菜水果
多運動	一天走 10,000 步
減少壓力	一天冥想 5 分鐘
主要的評估指標：每週一量體重	

　　我再舉個日本推廣傳統茶道文化的機構有斐斎弘道館的例子：

圖表 9-4　**策略的例子：有斐斎弘道館推廣茶道文化**

大方向上的目的：用更現代的方式推廣傳統茶道文化	
可以量化的近期目標：能損益平衡	
策略	**戰術**
增加知名度及遊客	更新網站和社群媒體， 和企業結盟辦活動
提供更豐富的遊客體驗	增加建築導覽等活動
在遊客離開後能繼續跟他們保持聯繫並推廣文化	設計會員制度及福利
主要的評估指標： 知名度增加 X%、來自新活動的營收比例、會員數、遊客平均消費金額	

要贏過競爭對手，專注很重要

很多時候，我們會覺得競爭對手很強，但要能夠贏過競爭對手，知名創業家、前美國影評網站爛番茄創辦人 Patrick Lee 教我，最重要的就是「專注」，而我的解讀其實就是：有清楚的產品策略，而策略是你的「價值主張」，並只做基本功能和價值主張。當你專注時，可以把一件事情做得比別人還好。

Patrick Lee 說，我們常會看到新創公司有個像是【圖表 9-5】這樣的圖，但其實從策略的角度來看是錯的，你資源又沒有人家多，怎麼可能這些都比人家厲害？我想這個概念不只適用於新創公司，也適用於大部分的公司，甚至你個人的職涯規畫，我常看到工作經驗明明就沒有幾年的人，履歷上卻包山包海，怎麼可能樣樣精通？！

圖表 9-5　**大多數新創公司與競爭對手的產品比較表（錯誤示範）**

	我的產品	競爭對手 1	競爭對手 2	競爭對手 3
功能 1	✓	✓	✗	✗
功能 2	✓	✓	✓	✗
功能 3	✓	✓	✓	✓
功能 4	✓	✓	✓	✓
功能 5	✓	✗	✗	✓

「那不然要怎樣？」你問。Patrick Lee 說，大多數的成功比較像是以下這樣──你有一件事情做得比其他人都好。就像我們都知道籃球明星史蒂芬・柯瑞很會投三分球、麥可・喬丹很會灌籃一樣。

圖表 9-6　**大多數的成功，是你有一件事做得比競爭對手都好**

	我的產品	競爭對手 1	競爭對手 2	競爭對手 3
功能 1	✖	✔	✖	✖
功能 2	✖	✔	✔	✖
功能 3	✔	✔	✔	✔
功能 4	✖	✖	✖	✔
功能 5	✖	✖	✔	✖

Facebook 購物如何決定策略

我在 2019 年從 Facebook 的行銷團隊轉調到產品團隊，幫忙創建社群電商的產品，當時雖然有「二手市場」的功能（用戶貼文賣自己家的二手物品），卻沒有「社群電商」的功能（看到網紅或商店的貼文，可以從內容直接連到相關的商品做購買），社群電商畢竟是一個大方向，到底確切要做什麼，公司要我「擬定電商策略」。是不是聽起來跟大海撈針一樣廣？

做策略前先了解現狀

我一時之間不知道該怎麼做，就問副總做策略前想要了解什麼樣的資訊，副總說：

1. **我們現在做得如何？**從看到貼文一路到試圖購買的轉換率如何？（雖然沒有正式的社群電商功能，但有個在貼文裡標註產品連結的測試功能）
2. **市場有多大？做得好可以賺多少錢？**現在平台上有多少關於電商的貼文？如果我們把每個和商品相關的貼文都變成可以買，可以賺多少錢？
3. **我們應該著重在哪個部分？**現在貼文的人或店家都是誰？貼哪類型的文章？哪個類型的商品？如何分眾？哪一塊我們要先做？
4. **從哪裡開始？**立刻可以做的事情是什麼？短、中、長期計畫是什麼？

好，就先從「我們現在做得如何？」開始回答，我打開現在的網頁，從看到貼文、點貼文上的商品標註，一路到商品細節頁面、結帳開始、結帳完成，我一步步列下用戶體驗的流程，請數據分析師幫忙看現在的轉換率，每 100 次貼文被看到，有多少次真的會購買。就先假想轉換率是 2%。

推估報酬有多大

接下來，我得回答「做得好可以賺多少錢？」這個問

題。用比較專業的講法，就是我要擬定商業論證，推算可能
的回報。

　　好，既然我知道「從看到有商品的貼文，再到購買」的
轉換率是 2%，那只要知道每年有多少「有商品的貼文」在
平台上，乘以轉換率，再乘以單筆平均購買金額，應該就知
道可以賺多少錢了吧！

　　那就先從「有商品的貼文」數量找起吧！果然，公司
根本沒有這樣的數據，因為當時又還沒有「社群電商」的
功能，當然不會有一個正式的數據來追蹤「有商品的貼文」
的數量啊。沒錯，在做商業論證的時候，因為是對一個「未
來」的功能做報酬的推斷，沒有直接的數據是常見的。那我
就得找一個類似的數據來代替……嗯，對了！很多人貼那種
賣東西的貼文時，都會附上商品網址，那就請數據分析師撈
一下「有附上連結的貼文數量」吧！結果，撈到的那些貼文
大多不是商品貼文，反而是……新聞。

　　OK，那再想想還有什麼類似的數據來代替……嗯，對
了！不然請工程師用影像辨識好了，Facebook 這種大公司
嘛，都有人工智慧，可以跑一下「影像辨識」，讓演算法針
對「貼文裡有沒有商品」做評分。

　　工程師以一天的貼文做樣本，把所有貼文以「貼文裡有
沒有商品」做 1 到 10 分的評分。數據分析師問我，要幾分
以上才算「有商品的貼文」。我也不知道，與其空想，就手
動看一下吧！我請工程師找一些評分過的貼文，將 10 分、
9 分的依序排開，然後就像看眼科的視力表一樣，很快就會

發現 7 分以下就開始有些不是有商品的貼文。對的，在做商業論證的時候，很多情況根本不是什麼厲害的數據，就是手動來檢視，做為推論的一部分。把每天「商品 7 分以上的貼文」乘以一年 365 天，就知道一年有多少附上商品的貼文了。

最後，我把每年有多少「有商品的貼文」在平台上，乘上轉換率 2％，再乘以單筆平均購買金額，嗯，就大概估算 50 元好了，再乘上每筆金額的 Facebook 抽成 5％，就知道可以賺多少錢了！喔，不！就算有這麼多「有商品的貼文」，也不可能每個貼文的人都乖乖使用我們的商品購買功能，所以就做 3 個可能，估計 30％、50％、70％的貼文會使用吧！哇，看來是不少，所以可以安心開始做「社群電商」的功能了。

找出機會在哪裡

知道了現況，也確定有不錯的未來報酬，我們就需要做個分眾，挑出要著重的區塊。那要怎麼分呢？我發現，大方向上有 3 種粉專：網紅、品牌和零售商、媒體公司。而且這 3 種粉專需要的產品功能不太一樣，像是如果網紅或媒體要賣東西，可能需要品牌和零售商的商品，以及分潤機制。至於媒體公司經常貼文章或影片，所以需要可以從文章或影片連結到商品的功能。所以我可能得從其中一個分眾下手。那就先看哪個會有最多購物的消費者吧！

我發現品牌和零售商貼的商品文最多，當然啦，他們就是賣東西的嘛！但是媒體的追蹤人數最多，而網紅的貼文，

粉絲互動最好。所以，我得把 3 個綜合起來計算，才知道把哪種類型的貼文變成可以購買時，會有最多的購買數：把商品貼文數量，還有每則貼文的平均觸及數量、每則貼文的平均互動數量根據網紅、品牌和零售商、媒體公司找出來。最後我決定要著手開發給品牌和零售商的社群電商功能。

從哪裡開始？

好啦，決定了要從品牌和零售商開始，但是哪種品牌和零售商呢？你可能會以為做策略的過程很神奇，就是看看數字找出黃金洞察，哇啦！就發現策略。其實很多時候需要手動檢視。像在 Facebook，我把貼最多「商品 7 分以上的貼文」的前一千個帳戶挑出來，一頁頁手動檢視，找出洞察。我們發現，他們賣的東西雖然什麼都有，但大多是家用品、服飾等，也發覺多半不是品牌商，有許多中型的零售業者。我們再針對他們賣的東西、粉專類型、地點等做了分析。

下一步，我拿 Facebook 和 Instagram 的社群電商流程來做比較，逐步檢視不同的用戶體驗設計、視覺設計，還有每一步的轉換率。接著，我用不同的分眾來做分析，試圖找出人家說的「關鍵少數法則」，也就是找出 20％的分眾可以創造 80％的獲利。考考你！為什麼「20％」的分眾與「80％」的獲利加起來不一定是「100％」？因為單位不同啊！一個是人，一個是獲利。就好像你的公司的情況可能是 30％的分眾可以創造 80％的獲利。好，再來，怎麼做分眾呢？就用不同的條件來分，例如：

◎粉絲數。

◎貼文數。

◎貼文時間。

◎貼文的型態（單一照片、多張照片、影片、文章；搞笑、純商品、折扣網等）。

◎商品類型：如果是品牌商，賣什麼東西的？如果是零售商，多大多小、賣什麼東西？

◎粉專類型：如果是網紅，哪種類型的？如果是媒體公司，什麼樣的新聞？

◎粉專地點。

◎粉專建立時間。

◎商品類型。

最後我們就找到了一個分眾的粉專，相信從這個分眾開始，就能很快擴張社群電商的生意。雖然我不能告訴你是哪個區塊，但是不是做策略似乎也沒有那麼難吧？！

策略文件的內容

產品策略聽起來很抽象？不會不會！要做一個策略文件，裡頭寫以下內容就對啦！

第一，了解要解決的問題

●定義你的顧客、消費者、用戶或閱聽眾

Facebook 前產品副總 Deborah Liu 建議，從一個小眾開始，比方說，廣告公司的閱聽眾和顧客是客戶的消費者，但其實也是客戶公司的高階主管，因為得通過客戶主管這一關，廣告的計畫才能被執行。Amazon 一開始的用戶是愛書的人。Facebook 一開始的用戶是大學生。PayPal 的顧客是 eBay 和小線上賣家。Snapchat 的用戶一開始是歐美市場用 iPhone 的青少年。

如果不知道你的顧客、消費者、用戶或閱聽眾是誰，要怎麼找出來？你可以用消費者分析，包括的內容如下：

（1）**人物誌圖表**：比如說，Target iPad App 的用戶是在家裡沙發上用 iPad 的媽媽，她們喜歡自我表現，也有些許的衝動購物等等。細節請參照〈讀顧客心的能力〉。

（2）**用戶體驗地圖**：像 Facebook 在新興國家賣網路，當大家第一次聽到時，會想到「它只能用來上 Facebook」嗎？細節請參照〈讀顧客心的能力〉。

（3）**也可以用傳統的 RFM 來做分眾**：R 是 Recency，指的是最近一次購買的時間，比如最近一次購買是 3 天前。F 是 Frequency，就是多常購買，像是平均每個月來買一次；M 是 Monetary Value，就是消費總額，比如過去一年某個顧客在你公司的產品花了新台幣 10,000 元。

　　數據顧問暨資料科學老師吳沛燊說過，針對不同的分眾，你就可以有不同的目標。比方說，常來又花很多錢的VIP 客人，你的目標可以是增加客人在公司的總花費，增加他繼續購買的意願、請他介紹其他的朋友、舉辦 VIP 活動等。不常來但花很多錢的客人，你可以是用限時優惠、來店禮等請他常來，很常來但每次都花很少錢的客人，你可以請他加購，方法可能就是買千送百等活動。

●定義你要解決的問題

　　根據人物誌和用戶體驗地圖，清楚定義你要了解的用戶痛點、「用戶困境」（people problem）。Deborah 說，一個好的策略，要解決的問題通常都是很精簡而清楚的。比方說，Airbnb「連結旅行的人和民宿」，Amazon 是讓消費者「以合理的價錢快速在線上找到要買的東西」，Facebook「連結你和自己的親友，以及有共同興趣的人」，Google「整理世界上的資訊」，YouTube 讓大家「分享影片並找到觀眾」，Coursera 讓人們「得到高品質的線上教育課程」，WhatsApp 讓網路不太發達的國家的人「在有隱私下傳訊息」。有些公司也會把這個要解決的問題，當成任務（mission）。

第二，找出你的超能力

●分析公司強項

　　找出你或你公司的超能力（super power），什麼是超能

力？就是能將你特別的資產做最佳應用的方式。一個好的策略絕對不適用於所有人，而是因為你有特別的強項、優勢、特點，所以特別適用於你。舉例來說，Target 百貨很好逛，會啓發你買一些原本不想買的東西；TikTok 有娛樂性高的影片及黏著度高的年輕用戶；亞馬遜具備能規模化的電腦演算能力；蘋果電腦有人性化的用戶體驗設計；Facebook 購物是建在原本已經很熱絡的買賣社群；Uber Eats 點餐的優勢是很多人原本就有 Uber 的 App；Instagram 購物的優勢是有很多網紅。

●分析競爭對手區隔

比如說，Target 百貨的競爭對手 Walmart 東西比較便宜、Amazon 送貨比較快，但它們的強項都跟 Target 百貨「很好逛」的優勢不一樣。

第三，擬定策略摘要和執行計畫

●摘要策略

用一句話把你的策略說清楚。比如 Target iPad App 是只做「啓發購買」類型的功能，像是給你看別人都買了什麼東西；Facebook 的策略可能是「超多功能，讓你和其他人組成社群和互動」；Apple 的策略可能是「用戶體驗簡單易懂」；安卓的策略可能是「開放透明，讓大家一起建更多的功能」。思考上，你要先想好上面幾點，才能想出策略摘要，但文件上它要放在最上面，因為重要的要先說囉！

●擬定執行藍圖

雖然你也可以把執行計畫放在策略之外，但無法付諸實行的策略等於沒用，因此兩者不可分，通常我也會寫在一起。計畫中，最常見的元素就是包括「藍圖」，也就是你要達到目標的地圖路線是什麼樣貌。

以蘋果手機的產品藍圖為例，第一階段或許是先讓大家認識什麼是智慧型手機，還有用一些蘋果內建的 App，接著是讓執行速度快的小公司先做一些 App，然後讓大品牌做數位轉型、推出他們的 App，最後讓不同的 App 之間可以互相分享資訊。

做藍圖的關鍵是，要記得「1 個好的 24 個月藍圖」絕對不是把「4 個 6 個月的藍圖」拼在一起，而是每 6 個月的藍圖完成後，都可以有策略性地讓下 6 個月的藍圖得以執行。細節我在〈向上管理力〉談過。

策略在每個藍圖階段都是環環相扣、互相影響的，以我自己的新創 Taelor 來說，我一開始是單純做男裝租賃訂閱平台，用戶每個月付費租 8 件衣服，穿過幾週後喜歡可以買下來，其他就還回來換下一個盒子。我想，要有更多的顧客，就得著重在讓客人有好的穿搭服務，而且需要很多衣服樣式。

「那要怎麼增加營收？」我跟穿著像是明星、超級會穿搭的投資人 Samantha Chien 在矽谷許多新創的起源帕羅奧圖城裡的新加坡餐廳腦力激盪。

我的商業夥伴 Phoebe 說：「要鼓勵客人租過後買下來，

增加租賃以外的購買營收，甚至加賣其他沒有租的商品，像是帽子、鞋子等。」

「那要怎麼降低成本？」我們繼續腦力激盪怎樣降低衣服庫存的成本、來回運費和洗衣費用。

「妳考慮過跟時裝品牌商買過季商品嗎？」Samantha問。

「對耶！是個好點子！」我說。

「對了，我們想要透過男裝租賃訂閱平台的數據，幫助服飾品牌和零售商測試即將上市的商品，以及預測什麼樣的時裝會賣。」我開始解釋，因為用戶每個月付費租固定數量的衣服，所以當他們挑選要租什麼服裝，或是我們的人工智慧幫他們推薦的時候，並不會特別考慮售價，就像是你決定在 Netflix 上要決定看哪部片一樣，因為你已經付了「吃到飽」的月費，所以挑片、挑衣時是你真心喜歡，而不是因為那部片、那件衣服特別便宜，所以才點來看、租來穿。

「但如果妳的策略是運用這些數據，幫助品牌做預測的話，那跟時裝品牌買過季商品可能就不好，因為要做預測當然是要用新貨的反應來做預測！」Samantha點出我的盲點。

沒錯！雖然靠男裝租賃和賣衣服，以及靠數據幫助服飾品牌和零售商做預測，是兩個不同的營收重點，但彼此之間環環相扣，互相影響。

檢查策略的 4 O

如果你不確定自己的策略好不好，可以用幾個方式來檢查。Facebook 前產品副總 Deborah Liu 稱它為「檢查策略的 4O」，包含 4 個「O」開頭的英文詞：

1. 有沒有覺得很明顯（Obvious）？

好的策略會覺得很合理，不需要拐彎抹角，感覺像是「啊哈！早就該這麼做了！」一樣。這就和男女交往一樣，遇到對的人時，你自然就知道啦！

2. 是不是有想法（Opinionated）？

策略是主觀的，策略只是達成目標的其中一種途徑，就好像蘋果和安卓都想要賣很多手機，但他們的策略是不一樣的，因此，很多不同的策略都可能會成功，但重點是你為什麼覺得現在這個策略是最好的？

3. 是不是客觀（Objective）？

「阿雅老師啊，妳剛剛才跟我說好的策略是主觀的，啊怎麼現在又跟我說是客觀的？妳是打錯字喔？」

不是不是，這裡的意思是，策略既然是一種選擇，就表示一定有權衡考量，就是說一定會失去什麼東西，但你相信，整體來說是最好的。比如說，在 Target，我決定專注在 iPad App 上、不做網站優化，這就表示使用平板的人，如果

不下載 App，網站的購物體驗可能會很差。策略代表你的重點放在哪裡，也就表示你要對某些事放棄、放低優先順序。

因此，好的策略對於失去的事情和潛在的風險，也會說清楚。這樣團隊其他成員才能幫忙事先降低風險，並且觀察這些風險是不是大於報酬。

4. 是不是可以執行（Operable）？

你是不是常聽到有些企業轉型的故事，就是那種請了大型管理顧問公司，然後對方洋洋灑灑做了看起來超高級的策略，結果顧問公司一走，根本沒辦法執行，最後這樣的策略就只是在抽屜裡的簡報而已？沒錯，好的策略要能夠被執行，如果需要天時、地利、人和才能執行，它就不是一個好的策略。

其實建立一個策略真的不難，想想自己擅長、市場要的，專注在那就對了。但是，難的是在每個執行的環節都記得自己的策略，像是 Target 的強項是「很好逛」，結果手機電商團隊曾經推出「店內 GPS」的功能，聽起來很酷，偏偏大家就是想去店裡隨意逛逛。這功能根本不是基本功能，也不符合策略。策略是幫助你說「不」的指標，好的策略，說穿了，就是權衡後捨去「好點子」，留下「最能贏的點子」的過程。

每次揮桿都要有目的

　　芝加哥冰天雪地，一年寒冷近半年，我住在當地的時候沒什麼休閒娛樂，倒是住家旁邊有個室內的高爾夫球練習場，我常去練球，當時因為對高球一無所知，所以請了個教練名叫 Trena McDaniel。她是個美國白人，曾是美國女子職業高爾夫協會的職業球員，當時 4、50 歲的她一頭短髮，身材結實，仍看得出來曾是運動員，她不太嚴格，對我總是笑笑地說：「很棒！」

　　我當時是菜鳥（現在還是），常常拿了球桿，想也沒想就猛揮，心裡只有想到「要打到球」，老師有天下課建議我去買書。當時我剛到美國沒多久，讀個句子就要查兩、三次翻譯機（對的，當時沒有 Google 翻譯），所以我一臉狐疑地想：「我的英文這麼爛，練球還要買書？！」原來，老師要我看的是「每次揮桿都要有目的」（*Every Shot Must Have a Purpose*），你這次揮桿，是要把球打去哪裡？為什麼要打去那裡？打到那之後，下一步是？

　　看起來很簡單的道理，又是打球的書，卻深深影響我後來的職涯，因為在職場中，我們常常會在瑣碎的事情

實力開外掛

中，忘了到底「為什麼要做這件事？」好，如果是因為一個原因要做這件事，有沒有更好的方法達到目的？再來，如果是這個原因，這件事真的還重要嗎？舉個簡單的例子，我的租衣服訂閱服務新創的小編，在聖誕節發布了「聖誕節穿好看，讓親友刮目相看！」的貼文，但是貼文是在聖誕節貼，等客人看到、訂閱、配搭完成，加上耶誕假期貨運休假，他們收到衣服時，新年都過完了！如果目的是讓客人聖誕節穿好看，十二月初就應該貼文；如果是分享大家怎麼在聖誕節展現時尚，那內容應該是穿搭小訣竅；如果是讓大家羨慕其他人過節都穿好看，應該是放其他顧客、模特兒的帥氣穿搭；如果純粹是應景跟大家問好，應該是貼公司團隊員工圖。

　　過去 10 多年我擔任職涯導師，很多人會問我：「我有工作 A 和工作 B 可以選，妳覺得哪個好？」最簡單的釐清方法就是想想，這兩個工作帶給你職涯里程碑上的意義，簡單的說，就是「為什麼要做這份工作？」比如說，粉絲想在美國當產品經理，但完全沒有相關經驗，不過在台灣得到了一個產品經理的工作機會，在美國則是得到了一個報社行銷的工作，產品經理的工作能幫她達到「轉職成為產品經理」的目的，美國報社工作則是幫她達成「在美國工作」的目的。清楚知道做這件事的目的，了解哪個

目的在現階段是自己比較需要的,答案就解了一半。

好,下一步就是思考:如果在台灣當了產品經理,下一份工作怎麼再轉到美國當產品經理?假如是在美國報社做行銷,之後怎麼轉到美國的產品經理工作?想想一旦達成了眼前的項目的之後,對達到終極目的有多大的幫助,是不是真的有具體的路徑再轉一次?不知道的話,你就問問已經在做類似工作的人,便可以輕鬆找出答案。當然,有可能你就是對某項工作比較有興趣,怎麼算,你還是想要那份工作,那就記得做這個選擇的目的,然後跟著你的直覺走吧!

工具包

常見的策略框架

其實說穿了,建立策略的過程就是把資訊整理清楚,才能看出可能可以到達目標的路徑。整理資訊的方法很多,下面列幾個常見的框架。原本亂糟糟的資訊,一套上框架,是不是就覺得很高級了!

實力開外掛

■ SWOT 分析

內部強項 （Strengths）	內部弱點 （Weaknesses）
外部機會 （Opportunities）	外部威脅 （Threats）

■ PESTEL 分析

因素	舉例
政治 （Political）	中美關係緊張，進口不易
經濟 （Economic）	勞工薪水調漲
社會 （Social）	社會越來越重視環保
科技 （Technological）	社群媒體成長，年輕人喜歡在網路上表現自己
環境 （Environmental）	循環時尚當紅
法律 （Legal）	某公司因為把過季衣服燒掉被罰款

■ 五力分析（Porter's Five Forces）

■ 波特價值鏈分析（Porter's Value Chain Analysis）

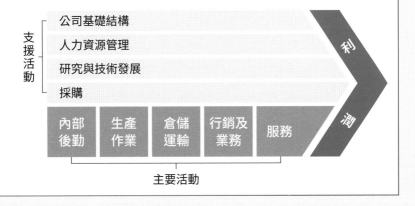

實 力 開 外 掛

■ 波特通用策略（Porter's Generic Strategies）

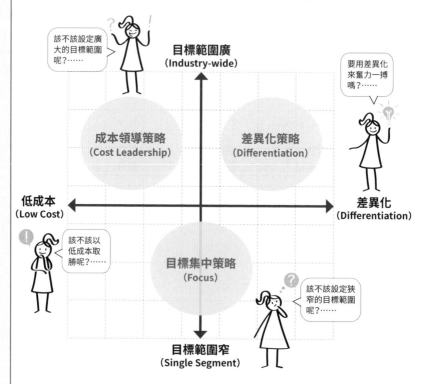

■ 策略地圖（Strategy Maps）

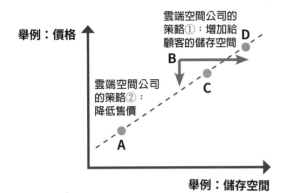

雲端空間公司的
策略①：增加給
顧客的儲存空間

舉例：價格

雲端空間公司
的策略②：
降低售價

舉例：儲存空間

■ 波士頓矩陣（BCG Matrix）

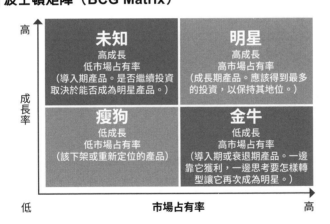

	未知	明星
高	高成長 低市場占有率 （導入期產品。是否繼續投資 取決於能否成為明星產品。）	高成長 高市場占有率 （成長期產品。應該得到最多 的投資，以保持其地位。）
成長率	瘦狗 低成長 低市場占有率 （該下架或重新定位的產品）	金牛 低成長 高市場占有率 （導入期或衰退期產品。一邊 靠它獲利，一邊思考要怎樣轉 型讓它再次成為明星。）
低		

市場占有率　　低　　　　　　　　高

實力開外掛

■ 安索夫矩陣（Ansoff Matrix）

	現有產品	新產品
現有市場	**市場滲透** Market Penetration	**產品延伸** Product Development
新市場	**市場開發** Market Development	**多角化經營** Diversification

■ 西北大學整合行銷傳播的策略框架

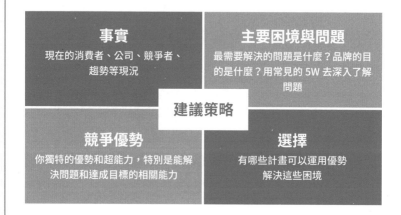

事實	主要困境與問題
現在的消費者、公司、競爭者、趨勢等現況	最需要解決的問題是什麼？品牌的目的是什麼？用常見的 5W 去深入了解問題

建議策略

競爭優勢	選擇
你獨特的優勢和超能力，特別是能解決問題和達成目標的相關能力	有哪些計畫可以運用優勢解決這些困境

■ 用數據做分析

你可以用利潤（profit）針對產品和顧客做分眾，找出什麼樣的顧客買什麼產品，能幫你賺最多錢。

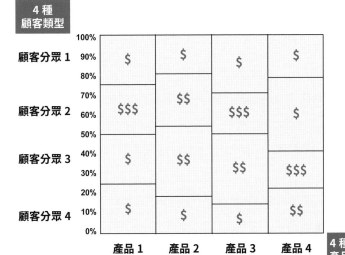

10

解決問題的產品力

　　過去 10 年，我帶領團隊做了很多產品：Facebook 購物功能、全球上網計畫給新興國家民眾買無線網路的網站；eBay 手機拍賣在非洲、亞洲、南美洲的網站和 App；麥當勞全球手機點餐 App、店內的點餐機器；美國第二大零售集團 Target 的 iPad App；美國希爾斯百貨的手機網站和 App；美國一家雜誌社的網站及新聞電子報等。

　　這幾年因為軟體產品經理的工作供不應求，不少美國科技公司開價年薪台幣千萬起跳，產品經理背景多元，除了常見的軟體工程師背景，許多產品經理都是文組畢業生。但其實，產品力可不只是產品經理可以用到，各行各業都用得到，像是老師製作「課程」這個產品、編輯製作「書」這個產品、人力資源經理製作「員工福利」這個產品、廚師製作「菜單」這個產品，產品力發生在生活的大小層面。美國西北大學的商學院、理工學院、法學院、行銷學院、新聞學院發現產品力對學生的就業幫助，都請我教授相關課程，好訓練產品經理、工程師、數據分析師、創業家、行銷人、記者，甚至律師。讓我們來看看到底什麼是產品力吧！

解決對的問題，用對的方法

如果你要我用一句話說明「產品力」是什麼，那就是「解決對的問題」（identify the right problem），以及「建立對的解決方案」（build the right solution）。「方案」可能是產品、服務等。

大部分的人想到產品力，就會想「要做什麼產品？」但其實，成功的產品是因為選對了「要解決的問題」。比如說，Target iPhone App 覺得「媽媽去店裡偶爾會忘記買某樣東西」，為了解決這個問題，他們把每家店、每個商品都做了 GPS 定位，開發了 App 可以在店內導航這個功能，結果浩大工程後，發現媽媽根本沒有強烈想要解決這個痛點的需求，因為要是忘記買某樣東西，媽媽就有藉口再去店裡逛逛。產品力，其實說穿了，就是「解決問題的能力」。

產品策略

在做產品之前一定要先有策略，策略幫你定義了如何走向目標的那條路，達到目標的方式很多，但是每個人、每家公司的強項和願景都不一樣，策略幫你找出最適合自己的成功之路。做策略之前，你可以用〈讀顧客心的能力〉談過的「人物誌」和「用戶體驗地圖」做「顧客分析」（Customer Analysis），找出你要針對的用戶是誰，然後他們在用你的產品或是你的競爭對手的產品時，是什麼情境？會遇到什麼

痛點？這樣你才能充分知道他們的需求是什麼。

同時做「公司分析」（Company Analysis），了解自己產品或公司的強項，每個人、每家公司都不同，改正缺點不會贏，但加強優點就有機會脫穎而出。

還要做競爭對手分析（Competitor Analysis），通常我們會用差距分析（Gap Analysis），就是把不同產品、公司提供的功能等做個比較，但目的並不是要把別人有做的都學起來，因為哪做得完啊！而是要找出顧客覺得一定要有的基本功能（Table Stakes，英文也是桌腳的意思，指像桌腳一樣不可或缺）。如果你看所有競爭對手都有的功能，那大概是顧客覺得基本的，以電商來說，就是結帳功能。此外，還要找出競爭對手比較不強，但是顧客要的、你又很強的，這樣就可以靠這一點贏過競爭對手啦！

不過，在做分析的時候要注意你的盲點，通常你覺得對方是競爭對手，那你就不是他的競爭對手。以前我在 eBay 工作的時候，他們常會把 Facebook 的拍賣部門 Marketplace 當成是自己的競爭對手，其實 Facebook Marketplace 在多數國家已經大幅超越 eBay。我在美國零售集團 Target 和 Facebook 工作的時候，他們也都會說自己的電商競爭對手是 Amazon，但其實 Amazon 的電商比 Target 和 Facebook 強很多。

還有，你最好把自己放在顧客的角度，用顧客任務（Job-To-Be-Done）想競爭對手。舉例來說，我一開始做男裝租賃服務 Taelor 的時候，覺得女裝租賃公司、服飾品牌

網站是競爭對手。但後來發現，我們服務的顧客是忙碌又不想在穿搭上花腦筋的男性。他們現在的置裝方式是「一直穿一樣」或是「老婆買什麼就穿什麼」，所以我們真正的競爭對手其實是「他不想改變現況的慣性」，或「另一半的勤勞」，根本不是其他時尚服飾網站啊！另外，我們也發現很多男性訂閱，是因為希望可以幫助自己達成某個目標，像是約會成功、找到工作、跟客戶簽約，他們的真正目的不是穿好看，是「增加達成目標的機會」，所以如果真要說競爭對手，其實是買花給心儀女生的預算、面試題庫、送禮物給客戶的預算等。

做完這些分析，接著你就可以用〈策略力〉提到的做策略方法來擬定策略，比如找出你的顧客想要的、你公司很強的、競爭對手不能或不想做的那件事。

全部的產品經理都可以說出自己在建什麼產品，但只有少數的產品經理有辦法清楚回答他的產品策略是什麼，這也是為什麼面試新進員工的時候，我最愛問的就是：「你做過的產品是什麼？那個產品的策略是什麼？」

產品願景

做一項產品，你會希望它一推出就很熱門，但是更希望隨著時間，產品越來越紅，對吧！但是時代一直在進步啊，如果你只有想著要做這項產品給這個時代的人，產品推出後大概就會越來越落伍，所以你得預想未來的世界，在做

產品的時候把趨勢和未來考量進去，這樣才能讓做出來的產品跟著時代的浪潮，而且越來越好。這就是「產品願景」（Product Vision），解釋未來的世界長怎麼樣，列出跟產品相關的趨勢。

　　為什麼要做「產品願景」文件？我在 eBay 工作的時候，因為世界各洲的產品長對產品有不同的想法，但是都關心趨勢，而且公司也希望大家資源共享，因此產品長們合作列出了「聊天購物」「公司內部自建工具提供其他公司使用並收費」「跨 App 合作功能」等趨勢，這樣大家做的功能都可以更具未來性，而且彼此做的功能更統一。

　　我在麥當勞工作的時候，也因為想向加盟業者爭取預算來做 App，因此做了願景文件，裡頭提出了當時還沒有的手機點餐 App、得來速（Drive-Through）的數位菜單看板、店內桌上的平板點餐系統，甚至還有在機場候機室用平板訂餐後就會有人送到登機門的服務。這樣加盟業者才能比較有概念要做的產品是什麼，願意提撥預算。

　　對了，有時候有人會把「產品願景」拿來做為產品概述（Product Summary），解釋你想像的產品是怎麼樣，像是「對想要住特色民宿的旅人來說，Airbnb 是一個提供民宿出租的租房平台。不同於飯店，Airbnb 提供大眾出租自己的家。」但不管是哪個用法，都是有預想未來世界、產品樣貌的概念在裡頭。

找出產品機會

以科技產品來說，機會通常是發生在顧客痛點（Customer problem）、公司能力（Company capability）、科技解決方案（Technology solution）三者的交會，簡單的說，就是你顧客有需要、公司有能力、科技上也做得出來。西北大學教授 Mohan Sawhney 以微軟可以外接鍵盤的平板Surface Pro 來舉例，就是公司很會做辦公生產力相關的軟體，也會些硬體設計；科技上平板又足夠取代多數的電腦功能；還有顧客雖然喜歡平板的輕便，但打字不夠方便。所以微軟可以外接鍵盤的平板受到歡迎。

圖表 10-1　**找出產品機會**

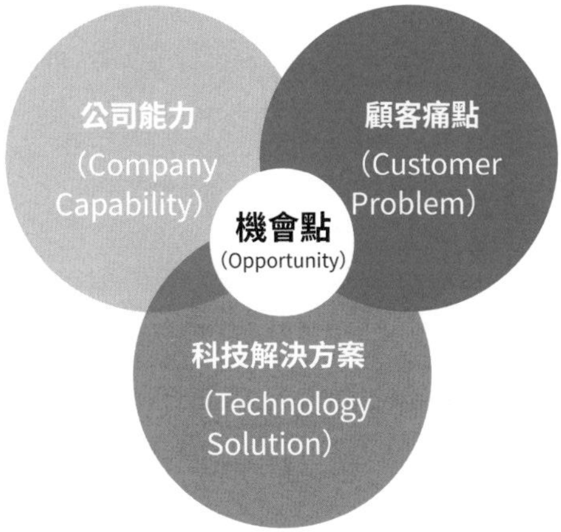

大多數時候，我們會從痛點找出機會，但偶爾也會因為有了科技解決方案後，回推可以解決的顧客困境和痛點，像

Google 就是這樣開始的。不過如果是這樣，一定要小心，可別掉進工程師常有的迷思：「只要我產品好，就會有人用！」結果徒有一項很酷的科技卻乏人問津，因為不知道這酷科技到底解決了什麼顧客困境。

圖表 10-2　產品機會可能從顧客困境或科技方案開始

顧客困境		科技解決方案
希望家裡到處都有網路	➡	無線網路路由器（router）
有空房想要租出去當短期民宿	➡	Airbnb
整理世界上的資訊	⬅	Google 的搜尋結果排列演算法

找到機會還不夠，還得在對的時間找到機會，你常聽人家看著發財的公司說：「這個點子我 10 年前就有了，可惜那時候市場沒辦法接受！」

常見的錯看機會地雷如下：

1. 太早推出產品，市場還不成熟：像是電池科技還不夠發達時期的電動車。
2. 太晚推出產品，市場需求退了：像是百視達推出 DVD 租賃服務。
3. 沒有市場的產品。
4. 有產品但沒有市場需求。
5. 有產品但沒有好的獲利模式。

市場需求文檔

剛剛有說過，「產品力」之一就是「解決對的問題」，那要怎麼知道解決了對的問題？我們通常會寫一個「市場需求文檔」（Market Requirement Document，簡稱 MRD），意思就是，要確定市場有這個需求，因為如果市場沒有需求，不管做什麼產品都沒用啊！市場需求文檔主要闡述的就是：顧客有什麼痛點？如果解決這個痛點可以賺多少錢（有多少經濟價值、市場有多大）？

那怎麼寫「市場需求文檔」？當然不是空想亂寫，通常我們會做前文〈讀顧客心的能力〉說過的「客戶任務」分析，還有做完剛剛說過的各類分析後，將它們整理起來，另外也會做財務分析和商業論證計算可能的收益，還會稍微講一下想像中的產品，但不會細講，主要目的是了解如果要做這樣的產品，科技上是不是做得出來？顧客是不是有相關的情境可以使用？

市場需求文檔通常會有下面內容：

1. 產品概述（Product Summary）

西北大學教授 Birju Shah 建議可以用以下的模板：

對想要解決 (顧客痛點) 的 (針對的顧客分眾) 來說，(產品名稱) 是一個提供 (解決方法) 的新 (產品品項)。不同於市面上的 (市

面上的其他解決方法），我們提供（主要的特
點和功能）。

For [target customer segments] who wants to
[a problem to be solved], our product is a new
[category name] that provides [a solution to the
problem]. Unlike [current solutions], we offer [key
differentiators].

◎**舉例：**對想要穿好看但不想一直買新衣服、又不知道
該怎麼穿搭的忙碌年輕男性，Taelor 是一個提供男裝
租賃的新型態循環時尚平台。不同於市面上的衣服訂
閱盒子，我們提供人工智慧和真人穿搭師穿搭服務，
以及可以穿幾週不用買的租賃服務。

2. 人物誌和用戶體驗地圖

列出主要和次要人物畫像，他們的動力、渴望、信念、
生活型態，以及他們在使用你的產品（或現有競爭對手的產
品）前中後的情境。

3. 用戶困境／痛點

點出那個你特別要解決的痛點，你的假說是什麼？你有
什麼證據證明他們有這樣的痛點？

你可以用以下模板：

我相信_（針對的顧客分眾）_當在做_（某件事）_
的時候，會有_（顧客痛點）_因為_（現在的限
制）_。

I believe [a customer segment] experiences [problems]
when doing [a task] because of [constraints].

◎**舉例：**我相信不想花時間研究時尚的年輕忙碌男性，
在想要穿好看，進而實踐夢想的時候，會不知道該怎
麼穿搭，而且不想逛街、懶得洗衣服，也不想要一直
買新衣服，因為現在的穿搭訂閱盒子要求客人一定要
買下來才能穿，而一般零售店面沒有提供穿搭服務。

4. 市場趨勢／產品願景（Market Trends / Product Vision）

產業的趨勢往哪走？哪些跟你想做的產品有相關？

5. 公司的任務、目標、策略及優勢

分析、了解解決這個痛點是不是符合公司的目標和能力。

6. 現有解決方案／競爭對手（Existing Solutions / Competitors）

用戶現在怎麼解決他們的痛點？你為什麼覺得現在的方
案不夠好？證據在哪？

7. 產品概念（Product Concept）

非常簡略地、大方向上（深入分析請見下文的「產品需求文檔」）介紹你想做的產品概念、用戶在什麼情況下會用到（usage scenarios），以及跟競爭對手有哪些差異。

8. 市場規模（Market Size）

市場有多大？成長率多少？

9. 時機（Why Now?）

為什麼要在現在（而不是幾年前、幾年後）解決這個問題、推出這個產品？

10. 風險（Risks）

顧客可能會因為什麼原因而不想使用你的產品？你的產品要成功，須仰賴其他公司的什麼產品、政府政策？如何降低這些風險？

11. 相關的市場調查文件

產品探索與假說，找出要做什麼產品

哇，講了這麼多，終於決定了要解決什麼痛點，而且也有一個很粗略的產品點子，那就開始來做吧！

等等！產品失敗有兩個最常見的原因，一個是選了錯誤的痛點，另一個就是選了錯誤的解決方案。要避免了錯誤的痛點，剛剛有說過市場需求文檔；那要怎麼避免選了錯誤的解決方案？就是假說（Hypothesis）啦！

最小可行性產品是為了證明假說

我的新創 Taelor 是日常男裝租借平台，美國類似的上市公司是服飾租借公司 Rent The Runway，他們提供女性的租衣服務，這樣去派對就可以穿得很漂亮，而且不必買那些平常穿不到的衣服。

你想，要做這樣的產品，至少需要幾十件洋裝，還需要一個網站可以讓大家看有什麼衣服，另外還要有一個 App，讓大家選衣服，App 上要有瀏覽衣服、搜尋品牌、篩選顏色，以及付錢等功能，聽起來就是一項大工程！

那就先從「最小可行性產品」（Minimum Viable Product，簡稱 MVP）做起好了。你覺得 Rent The Runway 一開始的「最小可行性產品」會是什麼？你可能會說，做個網站和 App，那就看老闆給多少預算，然後在預算可以達到的限度內，能做多少算多少囉？錯！

Rent The Runway 其實是建立在一個假說上，就是「消

費者會願意租派對的衣服」。如果不能先驗證這個假說，買了衣服、做了 App 恐怕會白忙一場。於是，Rent The Runway 找了百貨公司服飾的照片，Email 一群準備參加派對的大學生，問他們想不想租洋裝，結果很多人回覆說好。就這樣，他們驗證了「消費者會願意租派對衣服」的假說。

　　類似的故事是，大家可能有在網路上買球鞋的經驗，美國有名的鞋類網站薩波斯（Zappos）一開始經營的時候，沒有庫存，只是架了簡單的網站，有人買鞋子，他們就跑去別人的實體店面買，包裝後寄給顧客，當然這無法規模化啦，但他證明了「用電子商務賣鞋子是可行的」這個假說，畢竟，如果這個假說不成立，那網站做得再好也沒用啊！

　　還有美國手機點餐網站 Grubhub 及 Doordash 剛開始的時候，也是用簡訊跟客人聯繫，接著創辦人自己去餐廳拿餐，送給客人。驗證「有顧客會用手機點餐」這個假說後，才做網站和 App。

　　對了，每個產品都有很多假說，漏了重要假說可能會導致產品失敗。早年我在芝加哥郊區的產業雜誌的時候，因為公司有給超市農產品採購看的雜誌，公司派我去拉斯維加斯參加農業展。哇！第一次去紙醉金迷的拉斯維加斯，當然要帶專業的上班衣服，還有漂亮的洋裝，晚上可以去看劇、吃好料。國內線出差嘛，當然是坐經濟艙，我又不是什麼經常出差的高管，也沒什麼升等可用。飛機是清晨六點，為了確保旅途的舒適，我穿睡衣上飛機，登機時幾乎什麼也沒帶，反正都托運，到了再換就好。到了拉斯維加斯，經過一排排

的拉霸機，太酷了！還好我有帶些像樣的華麗衣服！左等、右等，行李轉盤旁的人都走光了，就是沒看到我的行李！對的，拉斯維加斯的機場代碼是 LAS，原來我的行李被送去機場代碼是 LAX 的洛杉磯了，要一、兩天後行李才會回到拉斯維加斯！

為什麼說到這件事？就是舉個西北大學教授 Mohan Sawhney 和 Birju Shah 課堂上提及的故事，之前有人為了拯救像我這樣的衰鬼，推出「智慧行李箱」，就是你可以用手機追蹤行李去哪了（雖然就算知道又怎麼樣，它就是去了洛杉磯啊啊啊！）。這家公司做了以下假說，並且乖乖地一一驗證：

◎常有人行李被搞丟。

◎美國政府會允許旅客帶有電池的「智慧行李箱」上飛機。

◎遊客會覺得「看行李箱在哪裡」是個有用的功能。

◎現在其他「找出行李箱在哪裡」的方法都不夠好。

◎旅客會記得帶「智慧行李箱」的充電器出門。

產品千辛萬苦做出來，上市了！開香檳慶祝！結果，航空公司不允許旅客帶有電池的「智慧行李箱」上飛機。對的！該公司忘了這個假說，沒有驗證到。

再舉個例子，有家賭場想要吸引不愛賭博但在飯店度假的年輕遊客。他們想要推出團體可以一起玩的社交型賭博遊戲，在非主要賭場的地方（游泳池、酒吧等，或是手機版App裡）讓遊客跟一同旅行的親友玩。根據這樣的點子，他們想出了以下假說：

◎社交型的賭博遊戲，跟其他社交活動一樣可以達到社交的目的。

◎年輕人會因為社交型的賭博遊戲，增加在賭博遊戲上的消費。

◎公司有辦法說服賭場，在非主要賭場的地方增設社交型的賭博遊戲。

◎這些社交型的賭博遊戲不會害原本的賭博遊戲生意變差。

◎這些社交型的賭博遊戲可以做成手機App。

你可以自己做練習，每天用到什麼產品，就想想它的假說，以及驗證假說的最小可行性產品是什麼。舉例來說，我最近因為公司募資完成，準備發新聞稿，上網到了攝影師媒合平台找攝影師，我猜想它的假說包括：

◎顧客會想到一站式平台找攝影師。

◎平台可以找到攝影師來做這些案子。

◎平台能夠清楚了解顧客的需求，並請攝影師

提供合理的報價。

◎顧客會願意接受報價。

◎平台和攝影師都能賺錢。

根據上面這些假說，我可以想到建置最小可行性產品需要有：

◎找攝影師。

◎在 Google Voice 申請一個電話號碼讓顧客傳簡訊提供需求。

◎在網站製作平台 Shopify 做個行銷頁面。

◎顧客詢價的時候，我們轉問幾個攝影師，提供顧客攝影師作品和報價。

◎跟顧客收錢。

◎跟攝影師確認並鏈結攝影師和顧客。

然後要有評估你的最小可行性產品的目標，舉例來說：

◎2 天內有 100 個潛在顧客詢價。

◎平台能了解 9 成潛在顧客的需求並在 1 小時內報價。

◎超過 10 個潛在顧客付款。

◎9 成顧客滿意攝影師的服務並表示會再次使用這個平台。

◎平台在 8 成以上的案子獲利。

驗證假說的方法

　　如果覺得想不出假說，你可以用以下的模板列出假說：

1. **顧客和痛點假說**：我相信（某種類型的顧客）
   在做（某件事情的時候）會遇到（某個問題
   ／痛點／困境）。

2. **產品和用戶體驗假說**：我相信（產品概略）
   在（某個情境）會解決顧客的痛點因為（某
   個原因）。

3. **價值主張假說**：我相信顧客會用我的產品因
   為（某個好處）。

4. **進入市場假說**：我相信我可以用（某個通路）
   和（某個行銷訊息）找到顧客。

5. **細節假說**：為了驗證上面的假說，我們必須
   要知道（假說1）、（假說2）、（假說3）。

　　好喔，有了假說，就要來驗證了！常見的驗證假說的方
法有：

1. **行銷網頁（Marketing Landing Page）**：你可以做個
   一頁的網站解釋與宣傳自己的點子，在網站的最後
   加上「加入預購名單」或是「產品上線通知我」等

「行動呼籲」（Call to Action）的按鈕或連結，看大家會不會點，驗證用戶對這個產品是不是感興趣。你也可以藉由這個機會，開始和潛在用戶解說自己的產品或點子，聽大家的反饋。行銷網頁可以證明有人有這樣的需求。

2. **產品示範（Product Demo）**：早年雲端文件儲存軟體 Dropbox、Google Drive 等，很難解釋它們到底是怎樣的產品，就會做支影片給大家看這個產品的未來模樣。跟行銷網頁一樣，產品示範可以證明有人有這樣的需求。

3. **門房服務（Concierge）**：這像是高級飯店櫃台服務生會幫你張羅各類小事一樣，用人工的方式幫消費者完成一些事，看他們會不會覺得很棒，像我的人工智慧租衣新創公司 Taelor，主打「人工智慧」幫你搭配穿搭，但一開始還沒有足夠的數據庫用來寫程式，我們就直接請真人穿搭師和消費者諮詢，幫他們搭配衣服，了解顧客是不是真的覺得「不用煩惱自己每天的穿著」很方便。確定有這個市場和需求後，再開始做人工智慧。門房服務可以證明你為了顧客痛點提出的「解決方案」，但沒辦法驗證這項體驗的過程。

4. **綠野仙蹤測試，或稱「奧茲測試」（Wizard of Oz）**：它類似「門房」測試，差別在於，奧茲測試的過程中，用戶不知道自己正在使用的軟體背後其實是人在

操作。像是 IBM 的語音辨識軟體、蘋果的智能語音助手 Siri、Amazon 語音虛擬助手 Alexa，在一開始的測試階段，當用戶對著手機講話的時候，背後其實是真人打字下來或是回答的。

像是早年有一種名片機要測試大家是否會買，輸入名片經辨識後，能在電腦上匯出文字，但一開始還沒做人工智慧的文字辨識時，就先由真人在後面打字，假裝是人工智慧。綠野仙蹤測試不僅可以證明你為了顧客痛點提出的解決方案，還可證實這項體驗的過程是顧客想要的。

5. **假門測試（Fake Door Test）**：就是做個按鈕，但其實按了沒有任何作用。比如說，公司的 App 只有中文，你想知道要不要做個英文版，所以就把「切換英文版的按鍵」放上網站，但其實按了也不會變成英文版，不過你可以去統計這個按鈕有多少人按，如果真的很多人按，你就知道有這項需求，要趕快開發功能！如果真的怕用戶按了沒反應會不高興，你也可以顯示「這個功能即將推出，謝謝你的興趣」，甚至附上折價券，請用戶消消氣。

6. **群眾募資（Crowdfunding）**：群眾募資特別適合用來驗證「用戶願意花錢買你的產品」這個假說，因為群眾募資時，消費者是真的要付錢的，只是你的產品可以之後再給。不過，現代的群眾募資要成功，並不是單靠放上募資平台這麼簡單，平台上成

千上萬的商品，即使你點子很好，也不一定會被看見。所以要成功，得具備有趣的故事性，還要下一定額度的廣告費用，在上線第一天就靠廣告或事先已經有的等候清單衝到平台前幾頁，才能有曝光率，接著靠曝光吸引平台上的顧客。

舉例來說，我朋友的青少年兒子 Kingsley Cheng 研發了一個可以很大聲但又預防耳聾的耳機 AEGIS，花了 2 萬美元請專人做影片、管理募資行銷活動、下社群媒體廣告衝高募資頁面，成功募集到 40 萬美元。雖然投資不小，不過比起花 1、2 年去建個產品的高成本，群眾募資付出的時間和金錢成本還是相對低的。如果下了廣告費、衝到首頁還是沒人買，那你也就能省下高額的產品製作費用了。

最小可行性產品不一定是產品

很多人一想到要「建置數位產品」，想到的第一件事就是叫工程師來。錯！事實上，許多產品做出來後都沒有人用，因為從一開始就沒人想要那個功能（只有你！），因此，建置前其實有很多的工作，來盡早「驗證假說」，確認並且修正你要做的東西。

「最小可行性產品」是那個你可以花最少力氣，但足夠驗證假說的產品，也就是說，MVP 長什麼樣子、多大多小，得看你的假說是什麼。讓我來把 MVP 拆開解析一下：

◎**最小（Minimum）**：只解決一、兩個痛點。例如：
YouTube 讓你分享影片和看其他人做的影片、eBay
讓你買賣二手商品。

◎**可行性（Viable）**：要確認有人會用、有人會給你反
饋，或是有人會給你錢。

◎**產品（Product）**：不一定真的是一個「產品」，有
時候是產品原型或是一項概念。

產品藍圖

假說驗證完了，確定可以做！在做之前來做個計畫吧，
看哪個先做哪個後做，這時候你會做出產品藍圖。就跟旅行
的地圖一樣，要到一個目的地，總要知道要先坐捷運、轉公
車、走路，要做好的產品，也得有個計畫。

圖表 10-3　產品藍圖範例

1月	2月	3月	4月	5月	6月	7月
▼網站						
功能1	功能2					
		功能3	功能4		功能7	
			功能5	功能6		
▼iOS App			★產品上線			
功能8	功能9	功能10	功能11			
	功能12		功能13	功能14	功能15	
				功能16	功能17	
▼安卓App			★產品上線			
功能18	功能19		功能20			
		功能21	功能22		功能23	功能24
				功能25	功能26	

目標：■增加網速　■增加顧客滿意度　■增加營收　■優化營運　■加強資安

　　為什麼要做產品藍圖？主要是跟內部各部門的溝通，比方說，如果產品 3 個月後要上市，行銷團隊需要開始準備上線記者會；如果準備推出手機折價券在店裡兌換的功能，店頭營運部門需要準備訓練門市員工等。而且當你列出產品藍圖，就很容易看出有沒有少安排了某個功能，就像是你要去山上看夜景，列出路線後發現少買了纜車票。產品藍圖也可以幫助你看出自己的商業策略、科技現況與想推出的產品有沒有符合。

　　有時候，公司也會公布藍圖給大眾。什麼？把自己要做的事情跟大家說？對的，你可能想要嚇嚇競爭對手，吸引供應商、人才、合作對象，或是想得到市場的反饋，為產品上線製造話題和期待感。像是 Facebook 的馬克・祖克柏就多次分享公司 10 年產品藍圖，當時我服務的全球上網計畫就是在藍圖的遠程計畫上，近年他也多次分享元宇宙的產品藍圖，創造不少期待感。不過，當然也得小心別透露太多，讓競爭對手搶先一步抄光光啦！

產品藍圖的地雷

　　很多人都會做藍圖，反正就把要做的事情排一排放上日期嘛！其實不是，常見的產品藍圖地雷有：

產品藍圖流於功能清單，忘了要解決的問題

　　比起把「我要做的流水帳清單」寫在藍圖上，好的藍

圖更著重在「這個階段我要爲顧客解決什麼問題」「用戶體驗可以得到什麼」，與其寫「推出直播購物功能」，不如說是「直播的網紅可以直播中賣貨，粉絲可以在社群媒體上直接購買，讓網紅賺錢更快」。細節我在〈向上管理力〉有說明。從公司角度轉化成顧客角度來想，像是我們男裝租賃新創 Taelor 的藍圖，與其說「推出營運軟體」，不如說「採購可以看到還剩下幾件庫存，更快決定要不要補貨。」

產品藍圖和其他藍圖沒契合

產品藍圖的概念，你也可以用在「科技藍圖」「市場藍圖」「趨勢藍圖」上，就是把科技、市場、趨勢的狀況依照時間順序或里程碑寫出來，都要記得跟產品藍圖有所鏈結，才不會做了一堆藍圖，彼此矛盾。美國西北大學教授 Mohan Sawhney 和 Birju Shah 建議，你可以用先了解顧客的需求，再把需求連結到產品功能，來做檢查。要再複雜一點的話，你還可以把顧客需求加上比率，因爲肯定不是每個需求都一樣強烈，還有把科技能力加上難易度，因爲有些恐怕又難又貴。

圖表 10-4　**把顧客需求、功能、科技做連結，確保產品科技藍圖符合市場**

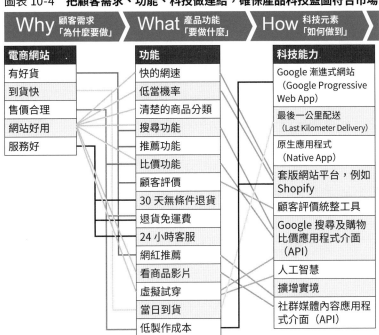

產品藍圖階段和階段之間沒有策略

好的藍圖上，每個階段的藍圖，對下一個階段的藍圖都有策略性的影響。以我的租衣平台 Taelor 為例，假設我未來 6 個月內推出「顧客對衣服評價」的功能，那我就可以收集數據，接下來 6 個月的藍圖，我就可以放上「建置推薦衣服演算法」的功能。就跟你玩電動打怪一樣啊，一定要升等到某個階段，才能買另一種武器，然後要有那種武器你才能到下一個村子戰鬥嘛！

產品需求文檔

做產品最常見的 4 種文件，就是：

1. **市場需求文檔**（**Market Requirement Document**，簡稱 **MRD**）：確認市場有解決這個顧客痛點的需求。

2. **產品藍圖**（**Product Roadmap**）：要在哪個時間做哪些產品的計畫，通常是 1 到 2 年的計畫，偶爾也會看到 6 個月至 10 年的藍圖。

3. **產品需求文檔**（**Product Requirement Document**，簡稱 **PRD**）：確認這個產品需求會解決顧客痛點。

4. **產品潛在需求表單**（**Product Backlog Tickets**）：注意這不是一個文件，而是一張張的需求清單。每張清單通常要是一個人幾天到幾週內可以完成的工作量。後文我會深入解釋。

剛剛你已經了解了前兩個文件，讓我來說明一下「產品需求文檔」，這大概是產品力裡頭最最最～重要的一個文件了，其實就是寫清楚你要做什麼產品。產品需求文檔是全部團隊有任何問題的時候，除了問你以外，他們最重要的參考文件，你不必太拘泥於一定要有什麼內容與不要什麼內容。想想跟你合作的老闆、工程師、專案經理、產品設計師、行銷、業務、數據科學家、客戶服務經理、法務需要什麼資訊，寫清楚就對了。

不過要特別強調，我告訴你的是最佳示範，有這些文

件當然很好，但工作上也不一定都需要文件上所有的元素，重點是你要盡量想到這些事，像是「我有沒有解決痛點？」「我的產品要服務的人到底是誰？」等等。產品力的眞正核心是「解決問題的能力」，敏捷開發鼓勵將時間多花在開發者、顧客、企業其他單位之間頻繁的溝通，而不是製作文件。所以千萬不要誤會我囉！

產品需求文檔上通常會有這些內容：

1. 產品概述。
2. 人物誌和用戶體驗地圖。
3. 用戶痛點：對的，上面幾點在市場需求文檔都有寫過，但這裡會需要重複，並且寫得更清楚。
4. 產品藍圖：這裡可以簡單描述產品上線時間和功能的內容，然後連到另外的產品藍圖文檔，通常是個表單、簡報檔，或是在專案管理的軟體裡。
5. 產品功能：這裡會寫出主要的功能，然後列出主要的用戶故事（User Story），以電商「購買清單」的用戶故事爲例：「身爲現有顧客，我希望可以列下購買清單，這樣我會記得要買什麼。」細節我下面會說明。
6. 假說和最小可行性產品。
7. 主要的使用路徑和情境（Key Path Scenarios）：以我的男裝租賃訂閱平台 Taelor 爲例，身爲會員繳交月費，每月可以穿 8 件衣服，由穿搭師和人工智慧幫會

員穿搭，會員收到第一個盒子的 4 件衣服，可以無限次穿，穿完不必洗就可退還，再換下一個盒子，如果喜歡，也能買下來，購買價最低可以到原價 3 折。如果要細一點，以我網站的「購買租過的衣服」功能為例，會員收到衣服後，打開 https://taelor.style 網站，登入後首頁會看到他們當月租的衣服，可以按購買，就不用退回來；不想買的話就穿幾週退還，然後也在首頁為每件租過的衣服填評價，這樣下個盒子就會收到更適合的商品。

8. 資訊架構（Information Architecture）：這裡會寫哪個頁面大概想要提供什麼樣的資訊給顧客，比如百貨公司首頁主要是當期活動，之後連到衣服、鞋子、化妝品部門的首頁，這些首頁主要呈現趨勢和新牌子，然後用戶在首頁可以直接搜尋。

9. 產品用戶體驗和視覺設計（Product UX/UI Design）：這裡可以簡單描述設計概念（Design Concept），然後連到另外的文件。

10. 衝刺計畫（Sprint Plan）：衝刺是「敏捷開發」（Agile Development）裡用每幾週為一個單位做計畫的概念，指的是團隊完成一定數量工作的時間。舉例來說，每 2 週為一個「衝刺」，那衝刺計畫上可能就會寫：接下來的 6 個衝刺（3 個月內）分別要完成什麼事情。每個衝刺可以是 1 到 4 週，不過一旦決定後，無論是 1 週、2 週、3 週或 4 週，每個

衝刺要有固定長度。

11. 評估計畫（Measurement Plan）：要用什麼主要的、次要的，還有純觀察的評估指標來評估這個產品做得好不好？打算怎麼做 A/B 測試？

12. 預期投資：要花多少時間、人力來完成這個產品？預期回收是什麼？

13. 風險和降低風險（Risk Mitigation）的方法。

14. 需要其他單位配合的事項。

產品潛在需求清單與用戶故事

終於，要開始做產品了，首先，我們要列出所有可能可以做的事情，稱做產品潛在需求清單（Product Backlog），意思就是「這是全部我們『可能』可以做的事情！」但注意喔，並不是說你每件事情都要做，至於會做哪些，或是先做哪些，就需要你根據重要次序還有其他的考量排列順序了。產品潛在需求清單是一個概念，具體上，通常在表單管理系統裡，會有一張一張的「單」，我們叫它 Ticket。

你要在 Ticket 上寫清楚你要請建置團隊做的事情，通常我們會以「用戶故事」的方式來寫。目的是讓大家都把自己放在用戶的角度想，我們為他們解決了什麼問題、提供了什麼價值。

你可以用以下這個模板：

◎身為一個（用戶的角色），

As a (type of user),

◎我希望可以（用戶目的或想要的功能），

I would like to (goal, objective or feature idea),

◎這樣我就可以（用戶得到的好處或價值）。

So that I can (benefit, value）.

舉例：

◎身為一個男裝租賃平台的會員，

◎我希望可以追蹤包裹抵達日期，

◎這樣我就可以記得去管理員那領包裹，盡快開始穿好看的衣服。

再給你幾個例子：

1. 身為一個銀行的顧客，我希望可以在網路帳戶上看到我過去的刷卡紀錄，這樣我就可以為下個月的預算做準備。

2. 身為一個主管，我希望可以有自動的報表功能讓我看每個部門的業務狀況，這樣我就可以調整團隊資源，以加強他們的效率。

3. 身為一個電商買家，我希望可以有比較商品的功能，這樣我就能買到性價比最高的商品。

　　注意喔！「這樣我就可以（用戶得到的好處或價值）」是很重要的，因爲或許你在做產品的過程中遇到困難，必須改變提供的功能，如果知道他們眞正想要得到的好處，就可以想出其他解決方法。舉例來說，我可能沒辦法告訴你「包裹抵達的日期」，但可以告訴你「包裹到了沒有」，這是不同的功能，但一樣滿足了原本的需求。

　　用戶故事依照大小可以分成主題（Theme）、大的用戶故事（Epic）、用戶故事（Story）、任務（Task）。有些公司沒有分這麼細，只有 Epic、Story 兩種，把 Theme 和 Epic 都一起叫 Epic，把 Story 和 Task 都叫 Story。Epic 主要拿來跟老闆和其他部門做溝通，像是「『再訂購已購商品』這個功能下個月會好」，Story 則是請建置團隊，像是工程師來執行。

圖表 10-5　**用戶故事**

主題 （Theme）	增加回購率			
大的用戶故事（Epic）	再訂購已購商品：身為現有顧客，我希望找到之前買過的東西，這樣可以再次購買，省下時間。			
用戶故事（Story）	身為現有顧客，我希望可以看到之前買過的東西，這樣不用花時間找。		身為現有顧客，我希望可以購買之前買過的東西，這樣可以確定是自己用過喜歡的。	
任務（Task）	做「已購買商品」頁面	新增資料庫區域，搜集「重複購買」商品	在「已購買商品」頁面上，加上「加入購買清單」功能	在「已購買商品」頁面上，加上「立刻購買」功能

　　表單（Ticket）上除了 Story，我會寫上具體要請工程師、產品設計師、數據分析師等建置人員做的事情（The Ask）。還會附上產品需求文檔的連結、具體跟這個表單相關的設計。另外還會寫「驗收標準」（Acceptance Criteria），驗收標準就是讓負責這張表單的人做完的時候，他自己或是品質保證經理（Quality Assurance Manager，簡稱 QA）檢查這個表單在執行結束時，有沒有真的完成的依據。比如說：

◎**用戶故事（User Story）**：身為一個電商買家，我要能夠用信用卡結帳，這樣我才能得到我想要的商品。

◎**要求（The Ask）**：裝上 X 公司收信用卡的功能，相關文件在 ....，設計文檔在 ....，其他相關的表單有 ....。

◎**驗收標準（Acceptance Criteria）**：

1. 系統會接受以下 5 家信用卡公司的卡：.....................。
2. 系統會確認卡號正確。
3. 系統會確認卡片後 3 碼正確。
4. 系統會確認地址正確。
5. 網站會顯示信用卡刷卡成功或失敗，設計文檔在 ....。

　　說到這，你可能會想「那表單可能有幾百張耶！因為我們想做的事情很多耶！」對的，但是並非每張表單都會在未

來一個衝刺（例如：2 個禮拜）發生，所以通常你只要確定未來 2 個衝刺需要的表單，有清楚的細節就可以了。

敏捷開發

好啦，你終於驗證好假說，也跟產品設計師做完設計，並做好用戶測試了，現在要開始跟工程師合作做產品建置。

目前軟體界在建置產品的時候，多半都會採用「敏捷開發」，大家比較常聽到的其中一種架構，就是「Scrum」。通常「Scrum 團隊」的一次「敏捷衝刺」，會是 1 至 4 個禮拜，常見的是 2 個禮拜，也就是說，每 2 個禮拜就會上線一點功能，這個一點功能，我們叫它「產品完成增量」（Done Increment）。

為什麼幾個禮拜就要上線一點功能？因為「敏捷開發」最重要的精神之一就是「持續改進」：提早讓實際的用戶對上線的產品提供反饋。大部分的用戶，其實不知道自己要什麼，而是等到看到真正的產品，才知道自己「不要什麼」。你應該有以下經驗吧？就是問老闆「你要我做什麼？」，老闆說你可以決定，做出來以後，他才說這個不行；或是你問朋友要吃什麼，朋友說「隨便」，結果你說要去吃路口牛肉麵，她就說不要！正常啦！就是這個道理！

打個不是軟體科技的比方好了，如果想要做一輛車，你的假說是「消費者會想要從城市 A 旅行到城市 B」，然後你先做輪子、引擎、窗戶等等，結果 6 個月後車子上線後，

發現消費者根本就不會從城市 A 旅行到城市 B，那不是浪費時間？如果你在第一個月做了腳踏車，發現消費者會用腳踏車從城市 A 旅行到城市 B，但是覺得腳踏車太慢，那你可以在第二個月做一輛機車，發現消費者還是會用機車從城市 A 旅行到城市 B，但還是覺得太慢，那等你把車做出來的時候，大概就能確定消費者一定會想用這輛車，你可能會覺得有點怪，因為如果是汽車製造商，會做腳踏車、機車的產品來試驗嗎？不過這不是重點啦！重點是更早得到顧客的反饋，確認你之後做出來的東西是顧客要的。

一般人常有的誤解是「實行了『敏捷開發』，原本要做的事情就會神奇地更快完成」，這完全是錯的！敏捷開發的精神是「改進」，重點是讓你把原本要推出的東西以「能用但小部分」的方式陸續推出，更早得到顧客的反饋，讓你可以做調整，確保完整的商品上線的時候更貼近顧客需求。

Scrum 團隊（Scrum Team）裡有 3 種角色，產品負責人（Product Owner）、敏捷導師（Scrum Master）、建置團隊（Development Team）。

產品負責人是一個職責，職稱上通常是產品經理（Product Manager），負責決定要做什麼（What）。具體來說，就是要做我剛剛講的所有事情，還要負責產出「產品潛在需求清單」（Product Backlog），並且排列清單的優先次序，細節後文會講。感覺很多事呢？對。是不是很苦？沒錯！但是頂尖科技公司產品經理的年薪有新台幣千萬呢！忍耐一下吧。

敏捷導師則是幫助團隊實行敏捷開發，scrum.org 是說敏捷導師絕對不是專案經理（Project Manager），但我認識的所有敏捷導師都做過專案經理，而且很擅長跟各部門溝通，確保專案在預算內按時完成。

建置團隊指的是負責把「產品潛在需求清單」變成可以上線的產品的人，通常是軟體工程師，但根據產品不同也可能是產品設計師、數據工程師、行銷經理等。

敏捷衝刺的會議

剛剛有說過，產品經理負責產出和管理「產品潛在需求清單」（Product Backlog），通常我們會寫成 Ticket，寫清楚要請工程師或其他成員做什麼事情，雖然不用全部的 Ticket 都寫得很仔細，但至少要準備有足夠未來 2 個「敏捷衝刺」（Sprint）的 Ticket，如果團隊在這個「衝刺」遇到困難，沒辦法執行計畫的 Ticket，他們可以先做下一個「衝刺」計畫的東西。

衝刺開始的前 2 週，你要開兩個會：**梳理需求清單會議**（**Backlog Grooming**）、**衝刺準備會議**（**Sprint Planning**）。

梳理需求清單會議

「梳理需求清單會議」上，產品負責人會對建置團隊講清楚每個 Ticket 到底在講什麼，並且討論，因為 Ticket 是產品負責人寫的，建置團隊又不會通靈，沒有解釋一下，他們不一定看得懂。會議上，你會請工程師做「T-shirt

Sizing」，就是問他哪個 Ticket 比較難、哪個簡單。想像成你問便當店老闆雞腿飯、豬排飯分別多少錢，知道多少錢後，你才能決定要訂什麼樣的便當、訂幾個，要不要加滷蛋，可能你沒有很愛吃雞腿飯，又發現它很貴，所以你就決定不買了。同理，「梳理需求清單會議」之後，當你重新調整 Ticket，結果工程師說有個 Ticket 很難做，你又覺得好像沒有很重要，就暫時不做了。

衝刺準備會議

「衝刺準備會議」則是決定「衝刺目標」（Sprint Goal），還有哪些 Ticket 要在這個 「衝刺」執行，我們稱它是「衝刺需求清單」（Sprint Backlog）。

如果比喻「敏捷衝刺」是飛機，「產品潛在需求清單」是在機場報到時篩選誰有白金卡、金卡，以及補位上頭等艙的順序是怎麼樣。至於「衝刺需求清單」就是看有幾個人沒來，確定有幾個位子，然後安排誰要先上頭等艙！要做的事情可能在「產品潛在需求清單」上，但因為優先次序比較低，沒能被排上「衝刺需求清單」。「產品潛在需求清單」的負責人是產品負責人，「衝刺需求清單」的負責人是建置團隊。概念就是，應該要做哪些事情、優先順序如何，是產品經理的工作，但在衝刺中負責做的是軟體工程師，所以最後要做哪些事，他們可以依照各原因做最後的決定，當然重點是要達成衝刺目標，並且盡量符合原本產品經理排定的優先次序。

「衝刺準備會議」是很重要的，為什麼？當然啦，要是飛機要飛了，你還沒排好誰要坐哪，起飛時不就一團亂，搞不好飛機還沒辦法準時起飛！同樣的，「敏捷衝刺」要開始了，工程師還沒搞清楚這個「敏捷衝刺」的目標是什麼、要做什麼、順序如何，他們可能就隨便拿個產品需求做，結果它根本不是最重要的啊！

雖然說建置團隊要盡量在衝刺中完成在這個會議上我們說好要放上「衝刺需求清單」的 Ticket，但團隊有權做調整，更重要的是完成「衝刺目標」，而且上線「產品完成增量」。比如我們的目標是讓顧客可以結帳，但可能有些 Ticket 沒辦法完成，但是有些沒有在這個「衝刺需求清單」的 Ticket 被完成了，這是 ok 的，讓顧客可以結帳才是重點。

通常在這個會議上，我們也會討論「完成的定義」（Definition of Done），不然你說做完了，啊我覺得你沒做完，那怎麼行！通常確定後要至少幾個月後才會再做調整，不會一直改來改去。

完成的定義通常會有：

◎建置人員，例如：工程師，把表單做完。
◎品質保證人員檢查過。
◎產品負責人和產品設計師看過。

甚至你還可以加上（當然加越多就越慢達成）：

◎法務部門檢查過。

◎資安人員檢查過。

◎數據工程師完成埋碼，確認有人用這個功能的時候，
數據系統可以追蹤。

根據 scrum.org 的建議，如果衝刺是 1 個月 1 次，那衝刺準備會議通常是總共 8 個小時，衝刺長度越短，會議就越短。但因為 scrum.org 沒有把「梳理需求清單會議」和「衝刺準備會議」分開，我的經驗是，如果是 2 個禮拜長的衝刺，「梳理需求清單會議」大約是總共 2 到 4 個小時，分兩次進行，1 週 1 次。「衝刺準備會議」則在 1 小時內可以完成，大家都在「梳理需求清單會議」上了解要做什麼了，「衝刺準備會議」就只是討論確定哪些要放上「衝刺」罷了。

每個衝刺過程中的會議

以每 2 週「衝刺」為例，過程中會有一些會議。

1. 每日立會（Daily Scrum）

「立會」通常一次 15 分鐘，工程師們會講一下昨天做了什麼、今天準備做什麼。「每日立會」不要講流水帳「我昨天做了⋯⋯⋯⋯」，最重要的是討論遇到什麼阻礙、誰能夠幫助什麼事情，如此一來，萬一有其他人可以幫忙的事，就可以趕快解決，提高達成衝刺目標的機會。

2. 衝刺驗收展示（Sprint Review）

每次衝刺的最後一天，「建置團隊」就會展示衝刺的成果，像是工程師把做好的功能展示給大家看。很多公司也會叫這個會議為「Demo」，以前在 eBay 時，我們可是會拿個鑼來敲，慶祝做好了！根據 scrum.org 的建議，如果衝刺是 1 個月 1 次，那衝刺驗收展示通常是總共 4 個小時，並且限定參加人數，衝刺長度越短，會議就越短。但 scrum.org 認為這個會議上就要討論下個衝刺要做什麼，我個人的經驗是，2 週長的衝刺的話，「衝刺驗收展示」大約是 1 個小時，事後產品經理、工程經理會再跟主管討論接下來衝刺的方向。現實生活中，經常會流於大家各自簡報，但要記得可以的話盡量讓會議以討論為主，才會對大家更有幫助。

結束後，團隊就已經產出了可以上線的一點新功能，記得嗎？我們叫它「產品完成增量」，團隊不一定要當天就上線，但要是「可以上線的」，所以通常我們在安排衝刺的時候不會從週一開始、週五結束，為什麼？因為上線後一定，對啦，我烏鴉嘴，但真的很常會有什麼東西壞掉，如果你在週五上線，你的週末就 ………，所以我們通常會從週三開始衝刺、週二結束，這樣就有時間慢慢修，不是啦！有時間可以確保修理是最符合顧客的需求的！

3. 衝刺回顧（Sprint Retrospective）

敏捷開發最重要的精神是改進，所以每次衝刺結束後，都要做一個檢討會議，我們稱它為「衝刺回顧」。回顧中，

大家會有很多建議，結束會議前，大家一起選一個，對，一個就好，然後在下一個衝刺執行。下一個衝刺什麼時候開始？隔天！因為衝刺是連續的、不間斷的，所以就是隔天啦！根據 scrum.org 的建議，如果衝刺是一個月一次，那衝刺驗收展示通常是總共 4 個小時，我的經驗是 2 週長的衝刺的話，「衝刺回顧」大約是 1 個小時。

圖表 10-6　敏捷開發會議範例

不在週五結束衝刺，不然上線功能故障，大家週末要加班

週三	週三	週三	週二
衝刺前兩週	**衝刺前一週**	**衝刺第一週**	**衝刺第二週**
每 2 週，總共 2～4 小時 梳理需求清單 會議(Backlog Grooming) 討論表述產品要求 「要做什麼？」 「要做多久？」	每 2 週，1 小時 衝刺準備會議 (Sprint Planning) 規畫衝刺 「這次衝刺可以做多少？」	每天 15 分鐘 每日立會 (Daily Scrum) 每日進度報告 站會 「做得怎麼樣了？」	每 2 週，1 小時 衝刺驗收展示(Sprint Review) 演示 「你看，做好了！」
產品負責人開好產品 需求表單(ticket)	Scrum Master 敏捷教練 領導會議及排除困境 (blocker)	每週 30 分鐘 Scrum of Scrum 每週幹部進度報告 「(跟老闆討論)各團隊做得怎麼樣了」	
內容有 用戶故事(User Story) 測試條件(Acceptance Criteria)			每 2 週，1 小時 衝刺回顧 (Sprint Retrospective) 反省檢討改善 「下次會更好！」
(衝刺預備)			

產品製作不只是設計和寫程式，其實有很多的流程才能做出一個成功的產品，但要注意這不是一個線性的過程，可能會來來回回在不同的步驟之間循環。

好啦，我知道我在這章談了很多專有名詞，其實那不是最重要的，你這時候是不是在嘀咕「不重要還跟我講那麼多？！」喲，至少下次開會有人講一堆專有名詞搞得好像他很強，你起碼知道他講的名詞背後是什麼意思啊！名詞不重要，有幾個會議、會議時間也不重要，最重要的是：產品力是解決問題的能力，重點是「選對的問題來解決」、「用對的解決方案來解決」。而敏捷開發的精神是「改進」，是解決更大的問題用每次更小塊的方式來解決，歡迎改變、經常有功能上線、更快得到顧客反饋，重點是團隊合作、團隊有自主的能力自己做決定、經常檢討改進，還有穩定持續的產出力和動力。

擁有產品力是很棒的，我在非洲的時候，看著當地年輕人上 YouTube 學修水電維生，想想那些改變世界的產品：幫助盲人讀網站的 Google 輔助功能、賈伯斯的智慧型手機、幫助失散親友重逢的 Facebook、讓不少人靠翻修轉賣二手東西維生的 eBay、讓失業的人可以開車賺錢的 Uber，這些都是靠產品力才能實踐的。擁有產品力，你就有改變世界的能力！

圖表 10-7　產品製作流程（注意它不是線性的喔！）

Discovery 探索	Design 設計	Build 建置	Test 測試	Iterate 優化
人物誌 Persona Research	用户經驗設計 UX Design	評估計畫 Measurement Plan	AB 測試 A/B Test	上市後數據分析 Post Analysis
用户體驗地圖 Journey Mapping	視覺設計 UI Visual Design	表述產品要求 Backlog Grooming	特別分析 Ad-hoc Analysis	客服建議 Customer Service Feedback
用户訪談 Focus Groups	特別分析 Ad-hoc Analysis	規畫衝刺 Sprint Planning		用户測試 Code User Testing
同業分析 Gap Analysis	建置樣品原型 Prototype	寫程式 Build		用户監測 User Monitoring
同業產品測試 Competitor User Testing	測試樣品原型 Prototype User Testing	品管 QA		
產品現況測試 Old Site User Testing	Google/ 蘋果設計檢視 Design Review with Google/ Apple	演示 Demo		
產品現況數據分析 Funnel Analysis	設計修改 Design Iteration			
客服建議 Customer Service Feedback				

實 力 開 外 掛

檢查「產品有沒有力」的清單

根據西北大學教授 Mohan Sawhney 和 Birju Shah，在評估到底產品有沒有前景的時候，可以問自己以下 3 個問題：

1. 產品和市場的契合：產品真的有解決顧客在意的痛點嗎？有足夠的人有這樣的痛點嗎？

2. 產品和公司的契合：產品跟公司的強項有契合嗎？跟競爭對手有什麼不同？

3. 產品和商機的契合：投資報酬率高嗎？

太簡單？好啦，我知道你現在很強了！好，那你可以問自己以下問題：

1. **價值主張**：這個產品解決了什麼問題？

2. **目標對象**：幫誰解決了問題？

3. **競爭情況**：誰是競爭對手？

4. **市場大小**：市場有多大？成長多快？

5. **競爭優勢**：為什麼我最適合解決這個問題？

6. **時機**：為什麼要現在做（Why now?）？

實力開外掛

7. 進入市場：要怎樣做行銷讓產品進入市場？

8. 營收：要怎樣變現？要怎樣評估成功？

要再更複雜一點的話，你還可以針對 5 大方向 ── 顧客、經濟價值、競爭優勢、行銷能力、時機檢查，做個綜合評分。

最最最後，你要把自己抽離，想像你不是負責這個產品的人，誠實問自己：「我們該做這個產品嗎？」（Go or No-go?）

我的新創剛募資結束的時候，我問另一個已經創業幾年的創業家：「如果你跟我一樣剛完成募資，你會做什麼？」他說：「我會重新檢視我自己是不是真心相信我募資時講的計畫。」他在某次募資的過程中，發現投資人都喜歡聽某方向的計畫，雖然他心底其實不相信那個方向會成功，但因為投資人支持，募資後他也沒有重新檢視，就往投資人喜歡的方向走，果然浪費了一整年，最後回到了原點。畢竟，「能說服大家的點子」有時候並不是「會成功的點子」，比起幾年來日夜都在研究自己新創點子的創業家，投資人只是那個跟你開了幾個小時會議的人，他真的懂嗎？！就像是你的公司同事、老闆。你才是負責人，你才是那個做計畫的人，你才是那個執行的人，你懂的比

大家都多，對的，你要願意聆聽，但你也要相信自己並且對自己誠實，做那個最後的守門員，不然，就會浪費資源做一個注定失敗的產品。

實力開外掛

產品力 5 大評分項目
這個產品有沒有機會_____？

1.顧客	☐ 清楚定義目標顧客 ☐ 清楚定義出要解決的顧客痛點 ☐ 經常會發生的顧客痛點 ☐ 夠多的人有這個痛點 ☐ 可以透過行銷通路找到這些潛在顧客的證據
2.經濟價值	☐ 清楚的變現方法 ☐ 相對低的建置成本（不管賣出幾個產品都需要的成本） ☐ 相對低的變動成本（每賣出去一個產品所需要的成本） ☐ 相對高的利潤 ☐ 規模經濟（做越大成本會越低）
3.競爭優勢	☐ 弱的現有替代品 ☐ 零市場領袖 ☐ 沒資源的競爭對手 ☐ 專利和強的智慧財產著作 ☐ 不容易被取代的定位
4.行銷能力	☐ 賣點 ☐ 有效的行銷通路 ☐ 做自有品牌的機會 ☐ 可以規模化的通路 ☐ 投資報酬率（來自每個顧客的營收會是獲客成本的數倍以上）
5.時機	☐ 符合趨勢 ☐ 基礎建設 ☐ 已經被教育該品項的顧客 ☐ 相對成熟的法規

11

行銷宣傳力

「我們賣很棒的無線網路。」在以色列的 Facebook 全球上網計畫的產品經理在視訊上說：「但……沒有人買！妳幫我想想辦法吧！」他低下頭露出無奈的表情。

另外一頭是在矽谷的我，當時我是全球上網計畫無線網路科技的部門行銷長。

我決定和行銷研究員（Marketing Researcher）訪談找出潛在消費者的需求，透過產品經理深入了解 Facebook Wi-Fi 的產品和科技，也和用戶體驗研究員（User Experience Researcher，簡稱 UX Researcher）在當地觀察現在的用戶是如何使用 Facebook Wi-Fi。

這段旅程的詳細經過，可參見〈讀顧客心的能力〉中「Facebook 全球上網計畫的困境」小節。

這兩趟市場調查中，迦納之旅讓我們了解到，原來，Facebook Wi-Fi 過去在其他國家主打「快又便宜」，但當地已經進入市場的競爭對手 Google Station 廣告主打的是「快又免費」。唉呀！那我們是怎麼打得過人家？還沒進入市場就先當炮灰啦！

我們看到當地用戶使用 Facebook Wi-Fi 的方式是，在小型手機通訊行買了 Wi-Fi 就直接在店裡使用，他們是年輕人，需要更快的網路，可以寫作業、工作、視訊、下載軟體等。

請數據分析師、產品策略師做分析

回矽谷後，我請數據分析師（Data Analyst）分析了一下現在用戶使用 Wi-Fi 的習慣，並且做分眾，也請產品策略師（Product Strategist）研讀產業及消費者趨勢報告，我發現，Facebook 賣 Wi-Fi 的這些國家階級明顯，像是印度，家裡講話最大聲的是爸媽、公司講話大聲的是主管，甚至 Facebook Wi-Fi 的主要市場是二、三線城市，當地年輕人在沒有 Netflix 之前，連看個電影、上網看影集都要等到一線城市下片，或者先進國家播完才看得到，由於這些年輕人的人生一直在「等待」中度過，因此普遍的特質是沒有耐心。他們也覺得比起當地那些老牌電信公司，Facebook 的品牌更加「有夢想性」；因為想起矽谷，就激起他們希望未來有一天能成功、不用再等待的心情。

擬定行銷訊息，從產品定位開始

有了各方資訊，我得擬定新的行銷訊息，從「產品定位」（Product Positioning）開始。「定位」聽起來很酷，到底是什麼？我問你，我們都知道迪士尼是世界上最○○○

的地方，○○○是什麼？「快樂！」你想都不用想就秒回。
對的，定位就是那個可以讓你跟競爭對手做出區隔，容易記
得、容易跟別人說的那個訊息。不過，定位不只是行銷，也
得真實地反映公司產品、服務。你覺得迪士尼是世界上最快
樂的地方，可不是只因為它廣告很歡樂，也是因為園區的服
務人員很友善、表演很歡樂、遊樂器材真的很好玩。好，
回到 Facebook 的故事，我先整理了一下我從產品經理、
行銷研究員、用戶體驗研究員、數據分析師、行銷分析師
（Marketing Analyst）蒐集到的資訊：

- **Facebook Wi-Fi 是 Facebook 旗下的一個產品：**
  Facebook 是矽谷公司、社群媒體，Facebook 的使命是
  「讓世界更緊密」（bring the world closer together），
  當地人會用 Facebook 跟其他人聯繫、互動。
- **Wi-Fi 的特點是比一般手機行動上網的速度更快：**當
  地人會因為速度快而使用 Wi-Fi 工作、下載軟體、上
  傳文件、找工作、跟家人視訊、上課等。
- **Facebook Wi-Fi 提供的地點是手機通訊行：**當地人在
  手機通訊行買完後直接在店裡或是店門口附近使用，
  沒有特別的大型座位區。

　　根據這些資訊，我請了當年幫賈伯斯做蘋果電腦定位的
大神 Andy Cunningham，想了 4 個「產品定位」的選擇。

◎ **Facebook Wi-Fi 是：**

1. **Social Internet（社群的網路）**：原因是 Facebook 就是社群媒體，叫 Facebook 品牌的 Wi-Fi 社群的網路感覺很合理，而且很多人上網後不論是不是用了社群媒體，也是會跟他們的「社群」互動啊！

2. **Community Internet（社區的網路）**：原因是 Facebook 有很多社團，像是社區一樣彼此連結。

3. **Serious Internet（嚴肅的網路）**：原因是當地人用 Wi-Fi 做重要的事情，像是工作、和家人視訊。

4. **Internet Access Portal（可以上網的門戶）**：啊，叫「Facebook 網路是可以上網的門戶」會不會太直接了？簡單明瞭，就像 Facebook 一般命名產品名稱的方式一樣，Facebook 通訊軟體就叫 Messenger（訊息），Facebook 買賣就叫 Marketplace（賣場），Facebook 按讚功能就叫 Like（喜歡）。科技公司嘛，工程師喜歡簡單明瞭！

我請行銷研究員做了一下消費者測試，發現：

◎ **Facebook Wi-Fi 是：**

1. **Social Internet（社群的網路）**：當地人以為用 Facebook Wi-Fi 只能上社群媒體，不能上其他網站。

2. **Community Internet（社區的網路）**：當地人以為 Facebook Wi-Fi 是在社區公園、活動中心之類寬廣的

地方，可以坐下來使用。

3. **Serious Internet（嚴肅的網路）**：當地人覺得「嚴肅的網路」這個概念很好，因爲確實用 Wi-Fi 的時候經常都是工作之類比較嚴肅的事情，但是名稱有點遜。

4. **Internet Access Portal（可以上網的門戶）**：跟競爭對手 Google 的定位一模一樣。

如果是你要選哪個？我們來用刪去法好了。剛剛阿雅老師說過，定位要符合公司產品事實，我們提供的 Wi-Fi 不只可以上社群媒體，也可以上各式網站。還有，我們在社區公園之類寬廣的地方沒有提供 Wi-Fi，所以除非公司產品要改設到那些地方，不然不可以用跟事實不符的定位，所以 1 和 2 去除。再者，我說過，定位是要跟競爭對手做出區隔，所以跟 Google 一模一樣的定位當然要刪掉。最後，我們決定用第三個定位，但改成「Facebook Wi-Fi 是 Wi-Fi That Matters（重要的）」。

以品牌定位為起點發想創意

有了定位做主軸，就可以有相關的行銷訊息，接著也要開始研究適合的行銷通路，好傳遞這個訊息。

Facebook 在全世界都有行銷經理，還在世界各國有合作的電信公司，眞正的行銷活動會是他們來主導和執行，因

爲他們對當地的行銷比遠在矽谷的我更懂，不然我怎麼可能知道在印度要買什麼廣告？！但身爲 Facebook Wi-Fi 的產品行銷長，我的工作是提供他們一個如何行銷 Facebook Wi-Fi 的指南，我們稱爲「產品行銷指南」（Product Marketing Playbook）。畢竟，全世界我才是最了解 Facebook Wi-Fi 的行銷人。

但這些世界各地的行銷經理每個都是專家，我這個在矽谷的行銷人，他們憑什麼要聽我的、遵守我的指南？所以，身爲產品行銷人，我就得想一下可能可行的行銷訊息和通路，然後設計不同的測試，再用測試結果來做成指南。

於是我選定了在印度、奈及利亞、印尼三個國家做行銷活動測試，這些行銷活動不會像正式的行銷活動那麼大，但有足夠的樣本數讓我們可以比較不同的訊息、通路，以及了解執行上會遇到的困難。

從找出顧客和競爭力洞察（insights）開始

雖然在做定位的過程中研究了顧客，但要做印度當地的行銷活動，還是得再深入了解印度顧客，我請了印度當地廣告公司 MRM——印度行銷大師 Punit Kapoor 和他的團隊。我們發現顧客說「我在這家公司做很久了」，但當我們問他「很久」是多久，年輕的顧客說 5 年，而老的顧客說「10 年」。因此明白我們的主要客群——這些年輕人，對久的定義比上一輩沒耐心。另外，我們也發現這些顧客主要住在二線城市，他們在印度這個階級和年紀成正比的文化中，權力

本來就比較低，相較於一線城市的資源，更是感覺自己什麼都排在別人之後，什麼都得「等」。

我們接著研究一下競爭對手，發現他們都是主打實用型的好處（Utility Benefit），像是「便宜、網速快」，而不是情感上的好處（Emotional Benefit），比如買了這個東西就會感覺如何。

從洞察產出行銷策略和創意點子

因為 Facebook Wi-Fi 的用戶都是年輕人，他們沒有耐心，Facebook 的品牌又比其他當地電信業者來得有夢想性，所以我們決定行銷策略是：讓他們覺得 Facebook Wi-Fi 不只是一個網路，還是一個他們不想再等待、急著要成功的「沒耐心、不再等」寫照。就像是有個茶飲廣告，每次都在講被老闆罵了，喝了罐裝茶，突然就感覺好些，像是這個茶飲不只是一罐茶，更是小上班族辛苦的寫照一樣。

有了行銷策略，我們決定用以下 3 個要素：「Facebook Wi-Fi 比較快」「Facebook 品牌比當地電信業者更具夢想性」「顧客沒耐心」，決定創意點子是「為何要等待？！」（Why Wait?!），這在廣告公司通常叫做創意大點子（Big Idea）。

有了 Big Idea，我們開始決定活動標語、文案，還有視覺。因為創意點子是「為何要等待？！」，所以標語我們決定就叫「Right Now」（現在），因為策略是讓顧客覺得 Facebook Wi-Fi 是他們不想再等待、急著要成功的「沒耐

心、不再等」的寫照，加上是二線城市的顧客，所以我們決定標語要用印度當地語言，而不是英文，讓他們覺得很有親切感。

文案上，我們盡量貼近策略，多用一些「你的」「你的成功」「你的自由」「你的夢想」等字眼，激發他們覺得要為自己站出來、有夢最美的情感。視覺上，我們也決定不要用插畫類的圖，而是找真人模特兒，特別是長得比較像一般顧客、不是太帥太美的模特兒，讓顧客覺得沒有距離感，像是自己就在廣告中。

最後決定行銷通路和接觸點

有了定位、策略、內容，最後才是通路。我們實地走訪網路的涵蓋地點，僅在周邊做廣告，即使線上廣告也用郵遞區號做針對性、小區域性的發布。能看得到廣告的地方，是手機通訊行附近、路邊看板、三輪機動計程車「嘟嘟車」的看板。接著在店頭有行銷活動和促銷人員，還有推廣給朋友的互惠方案，當然也有基本的產品介紹、使用說明影片（Product How To Video）及文章等。

這些活動果然讓業績成長了兩倍，我也把所有的測試結果和學到的洞察，整理成指南給世界各地的行銷經理和合作公司。

同時，我們也提供消費者洞察和功能建議給產品經理，比如消費者希望可以在商場、社區中庭等地方做免費試用，然後他們可以訂購後在家裡使用。當然，我也提醒產品經

理，不要等產品做好了才叫我。先做行銷了解用戶，產品還可以改；但要是像這次這樣先做了產品，行銷就很難改啦！

讓我來摘要一下我的思路：

1. **定位（positioning）**：重要的無線網路（connection that matters）。
2. **品牌角色（branding archetype）**：鄰家男女孩（everyman）。
3. **洞察（insight）**：顧客沒耐心，因爲覺得時間過得很慢，自己又沒權勢（Time Perception + Low Power = High Impatience）。
4. **行銷策略（marketing strategy）**：Facebook 網路是顧客「沒耐心、不再等」的寫照。
5. **創意大點子（big idea）**：爲何要等待？！（Why Wait?!）。
6. **標語（tagline）**：這裡、現在（Right Here, Right Now.）。
7. **視覺**：長得像一般人的眞人模特兒。
8. **文案**：用當地語言，強化「你的」「夢想」「自由」等激發爲自己夢想奮鬥的情感。
9. **通路**：Facebook 網路周邊，顧客可以立刻購買使用的附近。

美國最強行銷學府的精華

　　我在美國最好的行銷學校之一西北大學教行銷，和教授 Frank Mulhern 教整合行銷傳播（Integrated Marketing Communications，簡稱 IMC）策略步驟這門課，它的概念其實和很多人做行銷的方式、甚至 MBA 教行銷的方法不一樣，我個人認為是比較先進，就連我在 Facebook 裡做行銷的手法（像是我剛剛分享給你的）都不如整合行銷傳播的概念先進。以下幾點是整合行銷傳播的精華：

1. 以顧客為核心

　　從顧客真實的行為數據出發，針對每個人（或至少每個分眾）的需求不同做行銷內容，以剛剛 Facebook 的例子，會先把顧客數據拿出來，根據不同面向做分眾，像是購買金額、每月網路的用量、成為顧客的時間等，市場調查還是有，找出消費者洞察（Consumer Insight）很重要，但絕對不是唯一。然後再根據分眾透過數位通路，讓每個人（或至少每個分眾）看到的廣告都不同。重點放在「了解顧客想要的」以做出回應，而不是「創造顧客想要的」。這跟企管碩士（MBA）教的很不同，MBA 通常以公司的角度為出發，先想公司強項是什麼、競爭對手情況如何、產品要上哪些通路（例如批發、零售）等。

2. 行銷發生在每個跟顧客接觸的點

行銷不只是廣告上的訊息，而是顧客所有的體驗，包括跟客服接觸的過程、產品的包裝、社群媒體的貼文等。以剛剛 Facebook 的例子，我應該也要考慮到其他的顧客體驗接觸點。

3. 用整合的訊息維繫顧客關係

既然行銷發生在不同的接觸點，行銷更著重在和顧客維持關係，在不同的行銷接觸點提供一致、相關的訊息，服務顧客的需求，而不是單次、單向、各通路獨立的銷售。

4. 數位、數據和科技的應用

為了要對每個顧客不同的需求做出回應，當然得用很多數據了解顧客，也得用數位通路、甚至人工智慧，才能更有效自動化地讓每個人都收到不同的行銷訊息，而且得使用科技才能在不同接觸點提供合適的顧客體驗。也因為數位、數據和科技的應用，因此不像傳統行銷活動，有個「計畫、開始、結束、檢討」的步驟和冗長週期，而是即時地優化、改變，持續進行（Ongoing）並立即改進的行銷活動。

5. 把權力給顧客

因為目的是「了解顧客需求」好做出相對的回應，因此需要顧客的參與，讓他們知道我們有他們的哪些訊息、請他們提供更多關於他們需求的訊息，並且做出回應。

6. 著重在創造顧客回應與公司獲利

　　傳統的行銷常講創意、品牌、知名度，整合行銷傳播也教這些，但是創意、品牌、知名度只是手段，不是最終目的，目的是得到顧客針對行銷訊息的回應，進而創造財務獲利，所以整合行銷傳播做策略的第一步是寫下行銷目標（Marketing Objective），而通常目標是「增加X%的營收」「增加 X%的顧客數」等。

7. 行銷人更趨通才，而不是專才

　　雖然剛畢業的行銷人一定得懂某個行銷通路的技能，但是因為行銷發生在每個跟顧客接觸的點上，因此行銷也得懂產品、用戶體驗、業務、財務，因此我們在學校會教學生經濟、會計、財務、設計思維（Design Thinking）、產品管理（Product Management），財務和經濟雖然不像 MBA 教的那麼多，但也是很重要。

希爾斯百貨的預測方法

　　既然提到了以顧客為核心的分眾，來分享一下我和顧客數據分析預測家 Tao Chen、Peter Zheng 在美國希爾斯和Kmart 百貨用數據做行銷的方法。

　　當年擔任行銷經理時，我想要把顧客做分眾，這樣就可以給他們更具針對性的行銷訊息。我跟公司要了幾個約聘雇來幫我做數據整理，財務部門問我：「我知道更具針對性的

廣告更有效，但我的目的是幫公司省錢，我不懂更具針對性的廣告要怎麼幫公司省錢？」

對耶，行銷人通常都想到要怎麼花錢，很少想到要怎麼省錢，我想了想解釋：「現在 3 成的顧客會回我們的行銷訊息，假想你還沒發出廣告，就知道是哪 3 成，就不用發廣告給不回應那 7 成，省下其他 7 成的預算！」財務經理點了點頭，太好了，可以開始做。

嗯，那要從哪開始呢？我想，就先列個計畫吧！好，要預測誰會買，要先知道哪些變數跟買什麼商品有相關，舉例來說，如果有「在網站上搜尋冰箱這個關鍵字」的變數，應該可以預測那個顧客想買冰箱。我跟同事們一起來腦力激盪一下，列出變數。但因為不是每個變數都很容易蒐集，所以我們就排列一下優先次序，接著蒐集數據，然後給資料科學家建模，給每個顧客針對每類商品做評分。

圖表 11-1 **列計畫，預測誰會買**

腦力激盪	整理分類	蒐集數據	建模	比較準確與否	改變變數
想想大家為什麼會買某樣商品，哪些變數和數據可以有效預測購買	找出這些數據在哪、排列蒐集的優先次序	蒐集能顯示顧客對某樣商品感興趣的數據	把相關變數放進統計建模做分眾和預測	分析有沒有猜中，找出哪些變數對預測比較準	根據準確與否調整變數

| | | 針對性的訊息寄出有針對性的訊息 | | 找其他可以預測購買的變數從有購買但沒猜中的人了解什麼數據可以更有效預測 | 自動化流程優化，還有把蒐集數據等過程自動化 |

圖表 11-2　**顧客評分範例：希爾斯百貨給每個顧客針對每類商品做評分**

顧客代碼	冰箱	洗碗機	除草機	整修工具	電視	電動
1	30	60	10	35	56	34
2	34	32	3	48	38	56
3	33	45	5	36	16	34
4	18	86	78	13	12	23
5	85	35	32	34	30	79

　　接著再跟顧客實際購買行為比對，如果猜對就很棒，把蒐集那個變數的過程自動化。如果猜錯了，就看一下那些我們以為不會買，結果買了的顧客，有沒有哪些變數可以更好地預測他們的行為。

希爾斯預測誰會買家電的方法

　　有了計畫，我們從家電開始，做了問卷調查，問顧客為什麼買冰箱，發現 6 成的顧客是因為冰箱壞了。太好了！只要找出哪些變數可以顯示他們的冰箱壞了就可以了！

　　我把數據分成 3 大類：①跟買家電沒直接相關的行為、②跟買某商品直接相關的行為、③顧客告訴我們的訊息。

　　先從①開始，我找出了團隊認為有相關的變數，並請資料科學家做統計建模分眾。為了簡化說明，我下面用 0 表示「沒有」、1 表示「有」，如果要更精準，也可以用數據代表程度。

圖表 11-3　跟買冰箱沒直接相關的行為

分眾	分數	非直接相關的行為數據					
		距離上次購買天數	上次買家電已經超過一年前	今年曾到希爾斯買東西	過去一年任何維修紀錄	過去兩年沒買冰箱	過去一年收到希爾斯的傳單數量
高分	90	#	1	1	1	1	#
高分	80	#	0	1	1	1	#
中等分	60	#	0	1	1	1	#
低分	30	#	0	0	0	1	#
低分	20	#	0	0	0	0	#

　　我們也認為，家電跟生涯階段很有關係，所以列了一下哪些商品跟哪些生涯階段有關，這樣要是我們有變數知道顧客要結婚了，就能一併賣他所有結婚的人會買的商品。

圖表 11-4　哪些商品跟哪些生涯階段有關

	結婚	結婚送禮	結婚週年	離婚	生小孩	小孩畢業	小孩上大學	小孩拿到駕照
洗衣機	■	■	■	■				
冰箱	■	■	■					
烤箱		■	■					
洗碗機	■	■	■	■	■			
吸塵器	■	■	■	■	■	■	■	
除草機				■				
維修工具	■	■	■	■	■			
輪胎						■		■
手機					■	■	■	■
電視					■	■	■	
電動	■						■	

做完了「跟買家電沒直接相關的行為」，我開始找「跟買某商品直接相關的行為」，我聯繫了維修部門，看誰有修理紀錄，另外網站數據也很多，像是：

1. 網站上前一千個熱門搜尋關鍵字。
2. 帶來最多流量的前一千個關鍵字廣告的關鍵字。
3. 帶來最多流量的前一千個搜尋引擎優化（Search Engine Optimization；簡稱 SEO）關鍵字。
4. 前一千個熱門商品。
5. 最多人看的產品頁面。
6. 在網站上搜尋某個關鍵字。
7. 在網站上瀏覽某個頁面。
8. 用價錢做排序。
9. 用過濾功能找某類商品。
10. 瀏覽店面地址頁面。
11. 有加商品到購物車。

接著再把這些變數加入幾個到統計建模裡，為顧客購買可能積分做調整。

最後就是顧客告訴我們的訊息了，與其旁敲側擊，不如直接問顧客。但要怎麼問呢？我們就直接邀請他們填問卷參加抽獎！

舉例來說，我們問他：你今年的新年新希望是什麼？

1. 我想減肥。
2. 我想做園藝。
3. 我想修好我的舊車。
4. 我想裝修廚房。
5. 我想重新布置客廳。

哈，用問的更快！

最後就是揭曉時間了，來比對一下哪些猜對、哪些沒有，如果當初猜不會買，但是買了，就找出了沒用到的變數。至於要怎麼找到這些顧客，就跟他們聯繫囉！你以為數據行銷全都是演算法、工程師、數據分析師？其實有很多跟行銷人、建模沒關係的事情呢！

而且，你可能會覺得要整理這麼多數據很難，其實你可以從最簡單的開始，起初，我老闆 Zoher Karu 要團隊先把顧客分成 3 類：買家電的、買非家電的、不太買的。然後把電子報分 3 種，內文完全一樣，對，內文我們沒空改，但是我們改了電子報最上面的圖片，做了 3 個版本，就這樣，結果轉換率增加了 20％！

圖表 11-5　**猜對與沒猜對**

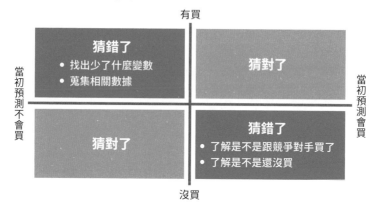

定位，是為了被記得

定位其實就是讓大眾記得你，還有能轉述你的訊息。

大部分的人想到行銷，就會想到「品牌」，事實上，「定位」（positioning）和「品牌」（branding）是一體兩面，「定位」則是理性的邏輯，「品牌」是感性的訊息。沒有「定位」，「品牌」根本做不起來。舉例來說，Amazon 的定位是「世界上最以顧客為核心的公司」所以當你聯繫 Amazon 客服要求退貨，對方通常二話不說就立刻處理。

沒有理性的事實做後盾，品牌單靠廣告是沒有用的。像是聯合航空以前的標語強調友善的航空（Fly the Friendly Skies），但我們都知道聯合航空超賣機票、把顧客強拉下飛機、空服員很不友善，所以後來他們也改了標語。

定位的力量是很強大的，有個知名的定位故事，就是一

家殺蟲劑公司，他的目標受眾是家庭主婦，一開始他們的定位是「安全的殺蟲劑」，因為他們想這些媽媽都在意小孩的健康嘛！但賣得不好，後來他們發現，這些媽媽每天都在罵小孩，在家做家事一整天，有很多的怨氣，經常發火，於是他們改變定位，變成「強力的殺蟲劑」，廣告變成媽媽殺蟲的時候是在發洩怨氣，殺完就心情舒坦，果然生意暴增。

　　容易被人記得的定位是雙面刃，美國青少女愛的潮牌新創 Dolls Kill 以「TikTok 女孩的裝扮」為定位，以叛逆、誇張聞名，在幾乎沒有廣告預算下，創下數億年收，但因為推出不少上頭有不雅標語的衣服，後來受到媒體和民眾抨擊。

蘋果的行銷定位模板

　　我在 Facebook 工作的時候請了前蘋果的定位師、也是《Get to Aha!》這本行銷書的作者 Andy Cunningham，來幫忙做定位，她用了這個訊息架構（Message Architecture）。

圖表 11-6　訊息架構

	訊息元素	解釋	舉例：男裝租賃平台Taelor
定位	目標市場 Target Market	你要顧客是誰？	25到40歲不善穿搭的美國忙碌男性
	文化基因 Culture DNA	是產品導向、顧客導向，或是概念導向？	產品導向(著重在價值上)
	品項 Category	你的產品是在哪個類別（跟其他哪些類型產品競爭）？	循環時尚
	特色 Differentiator	你的突出點在哪？	穿搭服務、租賃
	價值主張 Value Proposition	你怎麼說服顧客買你的商品？	不用逛街、不用洗衣服、不用買衣服、省時省腦
	主要訊息 Key Message	你要告訴顧客什麼？	穿好看又不用買衣服、穿搭師和人工智慧幫你穿搭
	定位 Positioning Statement	（把上面加起來摘要幾個短句）	Taelor是提供男裝穿搭服務和租賃訂閱的循環時尚公司，幫助忙碌的美國年輕人穿好看又不用買衣服、不用洗衣服，省下時間和精神
品牌	品牌角色 Brand Archetype	如果假裝品牌是個人，是哪種人？	統治者、魔術師、探險者
	品牌特質 Brand Personality	如果假裝品牌是個人，有哪些特質？	成功的、有夢想的、勇於嘗試的
	品牌驅使 Brand Driver	你重要的品牌原則	實踐目標、環保
	品牌語調 Brand Voice	你用什麼話語風格跟顧客溝通？	有希望的、正面的
	品牌敘述 Narrative	（把上面品牌的部分加起來摘要幾個短句）	我們的願景是幫助大家實踐夢想並為環保盡一分力，成為世界最大的服裝租賃訂閱及二手衣服購買平台，並為衣服品牌及零售預測趨勢，引領時尚圈永續轉型

　　首先你從定位開始，做公司顧客、同事的訪談，還有分析公司的顧客數據，找出目標市場、文化基因、品項、特色、價值主張、主要訊息。我想大部分的元素在表上都可以看得清楚，讓我特別挑幾個出來解釋：

文化基因（Culture DNA）

　　Andy Cunningham 把公司的文化分為 3 種基因：顧客導向、產品導向、概念導向。**顧客導向**的公司就像是 Amazon，客戶服務特別好，評估公司的成敗不只是業績，也有跟顧客的關係。**產品導向**的公司像是 Facebook，產品提供更好的功能或是價值，而且連公司最重要、掌管多數預算的單位都是產品單位。**概念導向**的公司則像是 Tesla，有很具風格的領導人、獨樹一格的公司概念，感覺跟產業所有競爭品牌都不一樣的方式。

品項（Category）

　　雖然品項指的是你公司、產品是哪個產業，但是它也定義了你的競爭對手是誰，比如說，當說到 Tesla，大家會覺得它是科技公司，而不是汽車公司。我在做 Facebook Wi-Fi 的時候，對於品項有兩個選擇。

1. 網路：大眾認知度比較高，不用教育大眾，但競爭對手也多。
2. 無線網路：大眾認知度比較低，需要教育大眾，但競爭對手少。

當時我們決定了進入相對新的品項「無線網路」，而花錢教育新興國家的大眾，因為 Facebook 是大公司，有足夠的預算能開創品項。

是不是覺得很簡單？好喔，那阿雅老師這裡來個隨堂考。我的男裝租賃訂閱平台 Taelor 試營運後發現，顧客不是那些最有自信的男生，反倒是有夢想、覺得自己還可以繼續努力有更好發展的人。於是我們做了廣告：「幫助你更有自信！」我做錯了什麼？

你仔細看一下訊息架構表，「不是最有自信的男生、有夢想、覺得自己還可以繼續努力而有更好發展的人」是什麼？是「目標市場」啊！但不是「價值主張」，對這些顧客來說，他們會來訂閱，主要是因為想要「穿好看又不用買衣服、洗衣服」啊！

品牌角色（Brand Archetype）

Andy 的行銷定位公司 Cunningham Collective 把公司的品牌分為 12 種角色。我根據她的分析稍作調整：

圖表 11-7 **公司品牌的 12 種角色**

品牌角色	代表名言	角色介紹	代表品牌、人物
統治家 Ruler	權力不是所有，而是唯一	成功的領袖	·勞力士、微軟、美國運通、甲骨文 ·美國創業家馬克·庫班（Mark Cuban）
創意家 Creator	只要能想得出來，就能實踐	有創意、有熱情的創作家	·3M、樂高 ·貝多芬
智者 Sage	真理讓人自由	智慧、聰明、善於分析的專家	·IBM、CNN、麥肯錫、經濟學人 ·華倫·巴菲特
探索者 Explorer	讓我自由	勇敢、獨立、熱愛嘗試的遊子	·星巴克、North Face ·印第安納瓊斯
天真者 Innocent	安心做對的事	無辜、誠實、快樂的天使	·多芬、Tom's鞋子 ·史蒂芬·柯瑞
叛逆者 Moverick	規則是訂來讓人破壞的	自信、冒險、有活力的前衛的革命者	·維京航空（Virgin）、Red Bull提神飲料、哈雷機車
英雄 Hero	只要想要就能找到辦法	強壯的、勇敢的、勝利的保護者	·Nike、FedEX ·神力女超人
魔術師 Magician	我讓事情成真	有夢想、有願景、神奇的法師	·迪士尼（Disney）、萬事達卡（MasterCard） ·賈伯斯、愛因斯坦
喜劇演員 Jester	人生只有一次，歡喜就好	搞笑的、幽默的娛樂者	·西南航空、保險公司Geico、線上影音串流平台Hulu ·艾爾頓·強
鄰家男女孩 Everyman	人生而平等	友善的、謙虛的、有同理心的大眾臉的一般人	·IKEA、GAP、Facebook ·湯姆·漢克斯
愛人 Lover	我的眼裡只有你	熱情的、浪漫的情人	·香奈兒、Häagen-Dazs 冰淇淋、Godiva巧克力 ·瑪丹娜
照顧者 Caregiver	愛他人像愛自己	溫暖的、大方的聖人	·Volvo、GE ·美國前總統夫人蜜雪兒·歐巴馬

你覺得自己是哪個角色呢？我覺得自己比較像是統治者、叛逆者、照顧者。因為我喜歡領導、嚮往成功，經常破壞規則，喜歡從 0 到 1 開創，又雞婆，喜歡幫助人。下次跟親友聚餐的時候，大家談談自己是什麼樣的角色吧！

有了理性的定位，配上品牌原型的角色，加上溝通的調性等，接下來就是要確定各通路的行銷訊息都要一而再、再而三地強調這些訊息內容，這樣大家才會記得你喔！

行銷通路的小訣竅

行銷通路推陳出新，網路上都有很多執行的細節，我簡單跟大家分享幾個基本概念和心得。

搜尋引擎優化（Search Engine Optimization，簡稱 SEO）

大家都知道，網站要在 Google 排名高，網站上要有相關的關鍵字。但是你要記得除了關鍵字，Google 總是希望能站在用戶的角度想，所以基本的網站架構，像是網站速度，還有網站的用戶體驗、有用的訊息也是非常重要的，千萬不要本末倒置，只想要取悅 Google，忽略了真實的用戶。做 SEO 的 3 個步驟：

1. 你得先決定你的內容策略，就是你要以什麼聞名？

比如說，美國時裝穿搭時裝訂閱公司 Trunk Club 網站

上就有很多「某種體型要怎麼穿」的內容，似乎是以身形做服裝搭配為內容主軸。另一家二手衣公司 ThredUp 則是以環保內容為主軸，多數的內容都跟永續有關。

2. 決定要優化的關鍵字

通常我會用之前教過的用戶體驗地圖，想像用戶在什麼情境下要解決什麼痛點，因此會搜尋什麼字。比如說，我們在賣 Facebook Wi-Fi 的時候，顧客一開始並不是要用網路的，他們是想要看球賽，所以他們會搜尋「線上免費看NBA」之類的，後來他們發現串流需要有網速快的網路，於是搜尋「快的網路」，後來想到無線網路比較快，開始會搜尋「快的無線網路」，後來發現有 Facebook Wi-Fi，才會搜尋「Facebook Wi-Fi 評價」等。回歸到用戶體驗，列下最相關的關鍵字，接著用 Google 工具查詢哪些關鍵字比較多人搜尋，哪些比較多公司競爭。最後做出決定。

3. 放上關鍵字

想想網站哪些地方是最能做 SEO 的「內容頁面」，通常是那種可以一直增加的，比如說 Amazon 的網站上，就是商品頁面，因為你可以一直加新的商品，每一頁都可能被 Google 找到；領英上就是每個人的背景頁面，每次有新的用戶，或是用戶有新的更新，就是一個新的地方可以被 Google 找到。如果你的核心產品沒辦法做內容頁面，像是 Uber，那你可以想想有沒有周邊相關內容可以做內容頁

面，像是每個機場的介紹、每個城市的介紹。我想這是為什麼後來 Uber 加上了機場頁面，這樣每次有人旅行時，查機場資訊時，就會想起可以在機場叫 Uber。

如果你想知道在 Google 的眼中，你的網站哪些部分它看得到，只要搜尋「site:（這裡放上你要查的網址）」就可以囉！快去查查你的競爭對手吧！

- 免費工具：Google Analytics, Google Search Console, SEO Quake
- 付費工具：awoo, Spyfu, majestic, ahrefs, Ubersuggest by NeilPatel

社群媒體

很多人問我，什麼時候買 Google 關鍵字，什麼時候買社群媒體，像是 Instagram、Facebook、TikTok 廣告。搜尋引擎的強項在於「時機」（Context），搜尋的人正想要找某樣東西，社群媒體的強項在於「人際網絡」（Network），你知道用戶被誰影響。所以你得想，你要賣的產品更重視哪一點？在哪個階段重視哪一點？

我發現經營粉專，大家要的不一定是很「精緻」的內容，比如說，我的新創品牌拍了很好的照片，但大家喜歡更「貼近」的內容，因為不同於以前看到電視上遙不可及的明星，社群就是讓你感覺跟他很近，所以很多不「精緻」，但是感覺很真實的內容反而容易受到歡迎。我公司實習生有次

在情人節拍了我和男友矽谷吉姆默契問答的影片，實習生問我最喜歡吉姆哪一點，然後問他一樣的問題，結果我們超沒默契，得到許多分享。做社群廣告的重點就是測試，列出各類的假說、各類的變因做測試，你可以測試

1. 文案：長的、短的、不同語調的、不同類型的內容。
2. 形式：短影片、中影片、直播、單一圖片、多圖片、純寫字在色卡上。
3. 素材：模特兒、動畫。
4. 價錢：不同方式的折扣、不同產品組合、售價。
5. 目標對象：年齡、性別、職業、興趣、教育、城市，甚至細到郵遞區號。
6. 廣告版位。

另外，內容行銷的內容不一定要跟你的產品有相關，但一定要跟你的受眾有關，比如說，我在 YouTube 上看了一些募資的影片，於是追蹤了品牌，後來才發現，那個品牌根本不是募資相關的公司，而是一個投影片模板公司，他們知道他們的顧客（創業家）最在意募資，所以製作的影片不是怎麼做投影片，而是募資股權規劃。只要受眾對了，以後都還有機會賣公司的產品，不急著當下。

還有，幾乎所有的社群媒體都不希望用戶離開該平台，所以外部的連結通常都會收到最低的觸及率，比如說在 Facebook 上貼 YouTube 影片的連結、領英上貼 Facebook 活

動的連結、社群媒體上貼自己網站的連結等，都會被演算法特別打壓觸及率，像是我就發現我之前上網紅理科太太的節目，她另外剪輯內容，貼短版的影片在平台上，然後在留言處再補上外部的連結。

美國頂尖加速器 500 Global 的社群行銷講師 Natalie Riso 分享，領英雖然也是社群平台，但跟其他社群平台最大的不同是它用羅賓漢演算法（Robinhood Algorithm），用一個過度簡單的說法來解釋，在 Facebook/Instagram 上，假設你的粉專粉絲有 100 人，那你貼文，在沒有任何人按讚、留言或分享的情況下，你的貼文最多只有 100 人可以看到（事實上可能只有 100 中的極小部分）。但在領英上，你的貼文觸及率不是直接跟粉絲數呈絕對正比的。所以在領英上，更重要的是好的內容，而不是粉絲數。

社群媒體上貼文要貼什麼，我通常會建議用產品力的「用戶故事」法，回到讀者的角度出發，像是「身為一個 Taelor 男裝租賃平台的顧客，我想要在 Taelor 的 Instagram 上看到其他顧客穿搭的照片，這樣我可以跟穿搭師說我也想租那件。」當然，也要考慮你在社群媒體上要達成的目標是什麼。

很重要的一點還有注意市場氛圍，比如在 2020 年 3 月，美國女裝租賃平台 Rent The Runway 在 Instagram 上分享了一個顧客的照片，顧客寫著「很期待收到 Rent The Runway 的洋裝，這樣我就可以在家自拍！」看似沒什麼的貼文，卻讓公司受到嚴重的輿論撻伐，為什麼？

原來當時疫情剛開始，許多倉庫、工廠的員工都因為不像數位工作可以在家上班，還是得冒著生病的危險到廠工作，但卻是為了顧客只是要在家自拍這樣的需求，甚至公司還沾沾自喜地轉發這樣的貼文。掌握即時趨勢、不要無視時事氛圍，是社群媒體人重要的能力。

當然，加上主題標籤 hashtag（#）也是增加觸及率的好方法，至於要是很多人搜尋的標籤，還是很符合文章的標籤，許多人有不同想法，我認為，你把它想做是讀者搜尋的關鍵字就對了，想想如果讀者搜尋了這個主題、看到了你的貼文，會不會覺得內容符合、有所收穫，有就對了！

電子報＆網路顯示廣告

別小看電子報，雖然看似傳統，在隱私權漸趨高漲下，廣告追蹤越來越不容易，電子報還是很重要。500 Global 的行銷講師 Natashia Jefferies 建議，要發電子報的話記得要另外開一個網址，像是我們公司信箱是 hi@taelor.style，但是發送電子報的郵箱是 hi@email-taelor.style，因為常發電子報的郵箱以後可能會被 gmail 等歸類到廣告信件區，這樣以後你公司員工寄信出去都收不到了。也可以在第一封信的時候請顧客把你加到通訊錄上，這樣郵件就不會被分類到垃圾信件區。有很多電子報工具，像是 Mailchimp、HubSpot、Constant Contact、Marketo 等。若是少量的收件人，像是 20 個收件人，想要一次發出，又希望每個人看起來收到個人、客製化名字的信，也可以用 Mailmerge 等工具。

　　類似的，網路廣告雖然看似傳統，但在廣告科技進步下，已經可以做到非常客製化，精準針對顧客的行為、地點等數據做相關的廣告發送，雖然點廣告的人很少，但印象的影響力還是很大。對這個領域有興趣的人可以搜尋廣告聯盟（Ad Network）、廣告交易平台（Ad Exchange）、廣告供應方平台（Supply-Side Platform/Sell-Side Platform，簡稱 SSP）、廣告需求方平台（Demand-Side Platform，簡稱 DSP）做深入的了解。

成長行銷和新興通路

　　成長行銷的定義很多，但常見的執行方式是透過數據、科技、自身的平台，提供顧客更雙向的溝通、提供有價值的訊息，做更即時的 A/B 測試及優化。常見的例子有提供介紹朋友折扣碼「送你 10 元，我也得 10 元」，在 App 上針對行為做客製化的訊息推播，做寫評價給優惠的活動並與顧客在評價上對話等。

　　新興通路也很多，像是讓大家加入 Slack、Discord 社團，在 Gather Town 上辦活動，發行非同質化代幣（Non-Fungible Token，簡稱 NFT）做為社群的門票，定期舉辦社群活動，在 Clubhouse 開講座等，但記得這些光鮮亮麗的新通路下，最終還是得回歸到最基本的行銷 3 個問題：

　　1. 你要針對的**顧客**（閱聽眾）是誰？
　　2. 你要跟他們說什麼**訊息**，說了以後你希望他們會怎

麼想、怎麼做，你要解決他們什麼問題？

3. 你要在哪個時間、哪個**通路**提供這樣的訊息，並且與他們對話，才能改變他們的行為，替他們解決問題？

行銷計畫的策略架構

我在〈思考力〉有提過，身為行銷人，行銷策略架構很重要，但到底那是什麼？首先，行銷計畫要從跟行銷沒關係的項目開始，對的，你沒有聽錯！先從整個公司的商業計畫開始，想想要解決的問題是什麼。我常聽行銷人問我「要怎樣坐上那個重要決策的高階經理圓桌？」我的答案就是成為「解決問題的人」，但要解決問題，你得忘記自己是行銷人，真心了解公司要解決的問題是什麼。讓我來一一說明行銷計畫的要點吧！

公司商業現況（Business Context）

公司商業現況又分為 5 個元素：

1. 商業目標（Business Objective）

你公司的目標是什麼？成功是什麼樣子？以 Facebook 上線「鎖頭像」，讓用戶不能隨便複製別人頭像的照片的功能為例，商業目的是希望可以讓在印度的女性覺得 Facebook 是個安全的平台，因此會更常用 Facebook。成功

就是在印度的女生分享更多自己的照片，因此增加她們在平台上跟親友的互動。

2. 商業機會（Business Opportunity）

你怎麼知道有成功的機會？以 Facebook「鎖定頭像」為例，從態度上，我們發現只有低至 X％的印度女生覺得社群媒體是安全的，有高達百分之 X％的印度女生不敢在 Facebook 上貼照片，相較於歐美有高達 X％。從行為上，我們發現 Facebook 上有頭像的人朋友比較多，而且只有很低比例的印度女生有放照片，相相較於歐美有高達 X％。還有，我們發現印度的女生在平台上的留存率只有 X％，低於印度男生的 X％。以及，印度女生貼文數只有 X，遠低於世界平均高達 X。這些都顯示印度女生使用 Facebook 有成長空間。

3. 產品解決方案（Product Solution）

你推出什麼功能或服務？例如，我們推出一系列用戶安全的功能，像是「鎖頭像」等。

4. 產品策略（Product Strategy）

你要怎麼用這個產品來解決用戶問題、抓住商業機會？例如：我們會用這一系列的安全功能鼓勵印度女生上傳頭像、貼照片，還有更常使用 Facebook。

5. 商業評估數據（Business Metrics）

那你要怎麼知道你有解決用戶的問題？成功掌握商業機會？例如：降低 X％照片被不是朋友的人下載的機會、增加 X％的人上傳頭像。

你發現了嗎？至今我都還沒想到行銷啊！但是這可是行銷策略架構的一部分。先深入了解顧客和公司的情況，才能有效做行銷啊！

行銷計畫（Marketing Plan）

好了，終於到了行銷區塊。行銷計畫也分為 6 項：

1. 行銷目標（Marketing Objective）

根據剛剛說過的公司目標，那行銷上你要達成什麼目標？例如：要更多印度女生覺得 Facebook 是安全的、要更多印度女生知道 Facebook 有「鎖頭像」的功能。這裡最好有具體的數字。

2. 行銷策略（Marketing Strategy）

用前面章節說過的策略力，那你行銷的策略是什麼？例如：用○訊息，線上線下的○通路，在○情況下先讓用戶了解到 Facebook 對安全的重視提升，進而鼓勵使用「鎖頭像」的功能。

3. 執行方式（Approach）

例如，先做一系列的測試活動來學習、發掘最適合的目標對象、訊息等，然後再推出大型的行銷活動。

4. 目標對象（Target Audience）

這邊你可以列出主要和次要對象，還可以找出他們的態度、想法、動力、行為，更重要的是找出激發他們情感的因素、改變他們行為的誘因，以及他們使用產品的障礙。

5. 顧客洞察（Customer Insights）

例如，多數印度女生知道有人會在社群平台偷照片，因此行銷上要直接點出「我們知道這是嚴重的事情」。

6. 行銷定位及產品好處（Marketing Positioning & Product Benefits）

任何的行銷訊息，都要是公司真正可以提供的，所以要把訊息跟公司的服務或功能等事實做連結。

圖表 11-8 **行銷訊息屋（Marketing Message House）模板**

主要訊息（Key Message）		
理性的好處（Rational Benefits）		
感性的好處（Emotional Benefits）		
提供好處的產品功能 1	提供好處的產品功能 2	提供好處的產品功能 3

競爭對手及產業生態現況（Competitive and Ecosystem Landscape）

你可以用前面章節提過的競爭對手分析方式，但記得你不只是分析他們的產品、公司，更要分析他們的行銷訊息、通路等手法。例如：

圖表 11-9 **競爭對手分析方式**

	介紹	主要功能	主要用戶	用戶數	主要特色	行銷訊息	行銷通路
公司產品							
競爭對手 1							
競爭對手 2							

評估指標（Metrics & Key Performance Indicators，簡稱 KPI）

列出主要評估指標、次要指標，還有，哪些不是指標也很重要。關於評估指標我在後面的章節會有詳細的解說。你也可以用 OKR 的方式，例如：

◎目標：透過增加用戶對頭像照片安全功能的了解，改變印度女生對 Facebook 平台安全的印象。

◎關鍵結果：
1. 推出相片安全功能的行銷測試，並增加 X％對 Facebook 平台安全的正面印象。
2. 增加 X％的用戶上傳頭像照片。

輔助的介紹概述（Supporting Briefs）

很多的行銷計畫都會需要各類部門或是廣告公司的協助，因此寫清楚背景資訊，還有需要他們協助什麼地方，才能讓計畫推動更有效率。常見的概述有：

1. **上市計畫（Launch Plan）**：給大家看的。
2. **研究概述（Research Brief）**：給行銷研究員看的。
3. **創意概述（Creative Brief）**：給模特兒經紀公司、攝影師、美術設計師看的。
4. **影片製作概述（Video Production Brief）**：給影片

廣告導演、製片、剪接師看的。

5. **照片拍攝概述（Photo-shoot Brief）**：給模特兒經紀公司、攝影師看的。

6. **社群媒體概述（Social Media Ad Brief）**：給社群媒體行銷部門看的。

7. **關鍵字廣告概述（Paid Search Ad Brief）**：給關鍵字廣告部門看的。

8. **內容行銷概述（Content Marketing Brief）**：給部落格、電子報、社群媒體行銷人員、公關部門看的。

9. **行銷分析概述（Marketing Analytics Brief）**：給行銷分析師、數據科學家看的。

行銷工作的內容

說到這裡，你應該已經了解了行銷的工作：除了研究員，行銷和產品經理是全公司最了解顧客的人了，行銷的工作從了解顧客開始，擔任公司裡聆聽顧客需求、了解顧客洞察的人。接著將顧客的需求提供給產品團隊等，確定公司做出顧客要的產品和服務。

接著透過行銷的定位，讓公司傳遞一致、相關、有特色的訊息，好讓顧客記得你、分享你的品牌。接著透過數據做分眾，在對的時間提供跟顧客相關的訊息，讓他們知道公司有解決他們問題的產品和服務，同時與他們雙向對話。那至於怎麼傳遞這些訊息，就要在找得到顧客的通路上。

同時確保顧客終身價值（Customer Lifetime Value，簡稱 LTV），就是公司在每個顧客身上獲得的營收，是獲客成本（Customer Acquisition Cost，簡稱 CAC）的多倍。這就是行銷的工作啦！

行銷的工作很多，大致可以分為 4 類：

1. 產品行銷經理、品牌經理： 產品行銷經理在科技公司做為最了解某個產品的行銷負責人。品牌經理在快速消費品公司做為最了解某個消費用品的人，決定目標市場、行銷計畫等決策。

2. 創意團隊： 內容策略師、文案師、攝影師、美術總監、藝術總監、製片、廣告導演、製片專案經理等。確保視覺的呈現有符合要傳達的訊息。

3. 通路團隊： 電子報行銷經理、社群媒體行銷經理、關鍵字廣告購買專員、搜尋引擎優化專員等。擅長某個通路的執行技能。

4. 行銷研究與數據團隊： 行銷研究員、行銷數據分析師。提供質化的資訊、量化的數據，讓行銷人員做更好的決定。

所有的行銷工作都會接觸到「閱聽眾」「訊息」「通路」三塊，因為要在對的地點傳遞對的訊息給對的人嘛！而且，千萬不要說自己只做品牌，或是只看數據，每個行銷人都會接觸品牌和數據，這是不可分割的！行銷人是藝術家，也是科學家喔！

實力開外掛

產品行銷跟一般行銷不一樣

「Instagram 擴張要著重哪些市場?」產品經理問我,當時我是 Facebook 的產品行銷經理。

我引用行銷研究員和行銷分析師的報告,給了幾個建議。

「好,那如果我們要進入這些市場,產品定位和行銷訊息分別是什麼?」產品經理問我。

「在墨西哥時,我們發現大部分的人還是覺得 Instagram 是給『愛現』的人自拍的平台,如果要吸引一般大眾,建議我們開發○○○功能,這樣一來,我們可以宣傳說這個產品是⋯⋯」我說。

產品行銷經理的第一項工作是在產品開發之前,蒐集消費者洞察,好提供產品開發的建議。

時光快轉,我轉組成了 Facebook 電商部門的產品經理,我們即將上線功能。

「我們的進入市場計畫是什麼?第一階段要請誰來測試這些功能?」我問公司的產品行銷經理。

「第一階段的測試目標是蒐集大家的反饋,我們好做修正,所以第一階段會主動邀請 20 家公司試用電商功

實力開外掛

能，測試後逐一做訪談，訪談後如果○○○，才能進入第二階段。第二階段我們就會用 A/B 測試，直接開給一小部分的用戶使用，如果○○○，就可以正式上線。」產品行銷經理說。

「那第一階段要邀請誰？進入市場的策略是什麼？」我問。

「根據數據，有○○○商品、粉絲數在這個區間的零售業，是我們未來最需要主打的用戶，但是他們都很大，現在產品還很新，應該會有很多故障，建議找類似、但小很多的公司來做測試，○○○是選擇條件，根據這些選擇條件，我建議找這幾個粉專合作，透過測試，我們要了解⋯⋯」產品行銷經理說。

「那找這些人的時候，我們怎麼跟他們介紹這個商品？定位是什麼？主要的訊息是什麼？」我問。

「根據消費者洞察，我們選了這兩個定位：○○○、○○○，也做了市場調查，第一個比較受歡迎，建議從這個試起。根據這個定位，我們測試了這五個行銷文案，其中這兩個都很受歡迎，我們可以測試的時候問問用戶。我做了產品介紹文件和影片在這裡⋯⋯」產品行銷經理說。

說到行銷，你應該立刻想到的是一般做廣告、叫大家

下載 App 的行銷，這當然也是很重要的角色，但在科技公司裡頭，不少公司有另外一個角色，叫做「產品行銷經理」。

產品行銷經理跟行銷經理不一樣的地方是，他們主要負責的有三塊：

1. **提供消費者洞察，以做為產品開發前的資訊**：產品上線前，提供產品經理消費者洞察。也給研究員、數據分析師方向做調查、分析，根據消費者調查、行銷分析的結果，提供產品經理產品功能建議，比如向產品經理說：「消費者說他們想要○○○，所以你最好做○○○功能。」像前文的例子，後來 Facebook 真的就推出了在社區中庭提供免費無線網路，然後賣居家無線網路訂購的方案。

2. **進入市場（Go to Market）**：產品要上線時，要準備產品定位、產品說明影片和文章，以及進入市場的策略與計畫，比如要先從哪種消費者開始測試、到什麼程度可以開放產品給更多用戶使用。

3. **產品行銷指南（Marketing Playbook）**：做測試行銷專案，包括規畫要執行測試的行銷活動，並且整理測試結果，做為各地行銷經理及合作廠商的行銷指南。

實力開外掛

其中前兩塊有時候一般的行銷人也會做，但第三塊跟一般的行銷並不一樣，以 Google 地圖為例，要是產品經理相信在這些主要是機車族用 Google 地圖的國家，最有效的方法就是先在塞車的地段買路邊大看板，接著再投放關鍵字廣告。

產品行銷經理就會開始做測試，這些測試的重點不是要讓很多人下載 Google 地圖，而是要找出最有效的行銷方式，這樣好列在產品行銷指南上。

這工作很酷，因為你需要思考很多策略、可以提供指南給全世界的行銷經理！不過，有時候也會不太過癮，因為你並沒辦法真的執行行銷專案，因為你做的只是測試，都是小小的預算和規模，不是正式的行銷活動，當然，你也沒辦法看到行銷真正帶給用戶的影響力，不像地區的行銷經理真的會有千萬預算，執行很棒的創意，實際讓很多人使用產品、舉辦活動，並且得到具體的反饋。所以，各有優缺點囉！

12

數據分析力

　　大家都很喜歡說「用數據做決定」，但是一講到數據分析，數學不好的人就會很害怕，覺得那是工程師、理科的人、分析師的工作，事實上，「數據分析」是不管哪個職業都用得到的硬實力，舉例來說，社群小編了解用戶年齡和點讚數以優化貼文，美編看網站廣告點擊率了解哪個創意有效，藥妝店員看顧客來店時間決定要安排多少人手在櫃檯，數據無所不在。

　　而且我認為，不少數據分析的職責，其實跟數學根本沒關係，邏輯能力、數學不好的人也能在分析上大放異彩。看看我！我可是大學念韓文系的人，高中的時候，數學老師還因為覺得我數學太爛，在我畢業紀念冊上寫著：「人生應該要更積極面對」，而我偏偏是大家眼中過度積極的「拚命三郎」啊！甚至我到美國西北大學念整合行銷傳播研究所的時候，幾乎全班的華人都選了「數據分析」組，偏偏我就選跟數據沒關係的「媒體管理」，最後工作還是當上了行銷數據分析師，還負責大數據行銷呢！

矽谷頂尖科技公司招聘時怎麼考數據分析？

讓我們來看看像是 Facebook、Instagram 這樣的矽谷頂尖科技公司，招聘的時候怎麼考員工的數據分析吧！

比如這樣的考題：「Instagram 愛心的使用變少了，你要怎麼找出問題？」

1. 了解問題

要解決問題，不是立刻回答問題，而是要先深入了解問題。「變少」是變多少？什麼時候開始變少？是逐漸變少還是突然變少？變回來了嗎？愛心指的是給人貼文按「愛心」的那個功能嗎？還是在聊天裡頭按愛心的功能？「使用」變少指的是「給愛心的人」變少，還是「愛心被給的數量」變少，或是「看到愛心的人」變少？

2. 確定有問題

變少是因為埋碼追蹤有錯誤？或者分析指標的定義改了，比如原本有賣出都算營收，現在退貨的不算營收？還是因為季節性的關係，像是情人節過完了，所以隔天花當然就降價了？

3. 縮小問題範圍

比如使用愛心的人變少了，那是在 iOS 還是安卓上使用的人變少了？哪個 App 的版本使用的人變少了？是手機

App 還是網站上使用的人變少了？是哪幾天、哪個時間使用的人變少了？是在新聞牆上的愛心變少還是聊天窗裡的人使用愛心變少了？如果不縮小問題，就像是大海撈針，你要數據分析師去找「看看昨天是不是有節日」，那以 Instagram 來說，有上百個國家的人使用，豈不是要花很多時間？

4. 檢視外部資訊

好了，現在你知道是法國 Instagram 在首頁新聞牆上使用愛心的人變少了，那你可以開始看有沒有外部事件，像是天災、選舉、節日、政策改變等。

5. 用戶體驗漏斗分析，檢視內部數據

確定了不是外部因素，就可以依照用戶體驗的流程順序，逐一檢驗是哪個步驟的功能壞了。比如說，要有人回愛心得先有人貼文，那你先看一下**貼文的人數**有沒有變少？接著，貼文的人每個人**貼文的數量**有沒有變少？再來，貼文要透過演算法讓用戶看到，那**看到貼文的人數**有沒有變少？每個看到貼文的人所**看到的貼文數量**有沒有變少？然後，要點愛心的話要先試著點愛心，但**試點愛心的人數**有沒有變少？接著要點擊成功，那**點愛心成功的數量**有沒有變少？點了愛心還可以取消，但**取消愛心的人數**有沒有變多？**成功被取消的愛心數量**有沒有變多？

確定知道要分析什麼，下一步則是了解怎麼使用分析軟體，然後看軟體自動生成的分析數據。你看，講了這麼多，

大部分數據分析的架構是不是根本跟數學沒有關係？！如果最後需要，才是用數學和統計把數據做進階的分析和建模預測，在此之前，所有步驟都不太需要數學啊！

對的！數據分析力，有一大半其實就是思考力、邏輯力啊，所以，人人都可以在日常的工作和生活中運用數據分析，數據分析絕對不是理科人的專利！

向優秀的數據分析師學習

雖然你不一定是數據分析師，但我們都可以用些優秀數據分析師的祕訣來增加自己的數據分析能力。我帶過很多數據分析師，我發現其實優秀的數據分析師和其他人最大的不同，有以下 3 點：

1. 優秀的數據分析師從把目標定對開始

要分析數據之前，得先想清楚分析後，數據看起來怎麼樣是好、怎麼樣是壞。所以，定立目標是第一步，我舉個例子：

我在 eBay 工作的時候墨西哥的網站主要是房屋買賣的貼文，我們靠用戶在網站上看到房屋的資訊後，聯繫仲介來賺錢，主要的收入是來自仲介上架房屋資訊繳交費用的營收。我們知道大多的用戶是從搜尋引擎來的，所以總經理給行銷團隊定了目標，就是「增加搜尋引擎來的用戶流量」。

過了幾個月，果然我們搜尋引擎來的用戶流量大幅增

加，但是仲介上架房屋的營收沒有增加，深入分析發現，用戶在網站上看到房屋的資訊而跟仲介聯繫的數量也沒有增加。怎麼會這樣？！

很明顯啊，因為總經理定的目標是「增加搜尋引擎來的用戶流量」，不是「搜尋引擎來的用戶聯繫仲介的數量」，也不是「仲介因為我們搜尋引擎來的用戶流量而成功交易房子的數量」啊！所以，搜尋引擎人員買了一堆跟買房子沒關係的關鍵字，像是「歡樂時光」「提供免費午餐的樣品屋」等，當然是吸引了一堆流量，但這些人根本一開始就沒有打算要買房子啊！

所以，不論你是小員工，還是大主管，都有機會為專案、工作細節、廠商團隊定立目標，先把目標定對，就是數據分析的第一步。

2. 優秀的數據分析師會忘記自己是數據分析師

「啊？阿雅老師，什麼叫做數據分析師會忘記自己是數據分析師？又不是韓劇，男女主角動不動就失憶。」

不管你是不是數據分析師，都有機會做報告給老闆，有些報告很多數據，有些不多。不管如何，你是那種沉浸在自己的世界裡，只關心自己的分析報告做得好不好的人嗎？還是你最在意的是，到底這份報告有沒有對看報告的人帶來什麼具體的影響力，他有沒有因為你的報告做了不同的決定，而且這個決定為公司帶來可以計算的正向影響？如果你是後者，那恭喜你！你就學到了數據分析師的第二個要領：忘記

自己是數據分析師，把自己當成看報告的決策者。

　　比如說，身為產品經理，我明天要決定「要不要請工程師多做一個適合 5 年前舊手機可以用的網站版本」，我請數據分析師做分析。一週後分析報告來了，但我看完只說聲「謝謝」，就收抽屜裡了，因為前述的那個決定早就已經做了，知道分析結果也只是單純長知識而已。再者，報告寫得真完整，可是其實只要其中的一小部分就有助於我們當下做出更好的決定，他根本不需要多花時間把報告做得這麼完整。糟糕的數據分析師會堅持要一個禮拜，無法先跑一個簡單的分析，也沒有其他資訊可以協助，甚至不知道這個報告是要做什麼用的、什麼時候要。把報告做清楚當然很重要，問題是，如果過了決策時間，報告完全沒有實質的影響力，那你只是在白做工啊！

　　相反的，好的數據分析師會站在使用數據者的角度想，清楚知道對方需要做哪些決定、什麼時間點需要做決定，然後找出好的相關資訊，而且在意的也不是「分析做完了」，而是「閱讀報告的人因為數據，而做了不同的決定，而且這個決定對公司有實質的正面影響」。當老闆請你寫報告的時候，先問清楚報告要拿去做什麼決定吧！

3. 優秀的數據分析師會幫助身邊人全部變成數據分析師

「啊？阿雅老師，什麼叫做把身邊人全部變成數據分析師？我又不是哈利波特，要怎麼把其他人變身呢！」你問。好啦，我知道你不是灰姑娘裡頭的教母，沒辦法把其他人都變成南瓜啊，更何況你是不是心裡在嘀咕「他們已經跟南瓜一樣笨了⋯⋯」喂，不要人身攻擊啦！來，乖，你聽我說。

你想想，數據分析師再優秀，一天也只有 24 小時，但要是他們把身邊的產品經理、軟體工程師、產品設計師、行銷經理全部都教會，讓他們懂得自己用 Google 分析等軟體看數據、自己做分析，那整個團隊使用數據做決定的可能性就大幅提升啦！數據分析師不再是你一個人，而是身邊所有的人都是數據分析師。數據分析師的時間就只要花在幫助大家解決特別困難的問題上。如此一來，數據分析師的影響力豈不是大很多？

同樣的，工作上你一定也有你的專業，或許你會擔心「把別人都教會那他們就不用我啦！」那你就大錯特錯了，你要把其他人教會，他們可以自己做簡單的事情，你才能把自己的時間空出來做更難、更有影響力的事情，否則你的時間就在幫團隊解決這些雞毛蒜皮中浪費光了。

比如說，你是美編，團隊每次寫給你的文案草稿字總是太多、標題不夠吸引人，你要是每次都幫他們改，那你就浪費時間在這些小事上，但如果你可以做個「基礎文案訓練」，教團隊基本要注意的事項，這樣你就可以花更多時間

在做好的創意上，團隊也可以把文案草稿寫好一點，整體團隊的設計就提升了。

或者你是軟體工程師，團隊每次都在沒有經過網站速度分析下，就自己安裝一些外掛、放上一堆社群媒體追蹤碼，導致網站速度變慢，你只好經常修理，要是你能教育團隊哪些東西會影響網站速度，整理出以後埋碼的流程請大家遵循，那你就可以花更多的時間在研發科技，而不是在那移除外掛、測試網速，整個團隊也都可以扮演一小部分工程師的角色，一起來監督網站的速度。

現在知道優秀數據分析師的三大關鍵了，我來談談數據分析師的日常做些什麼吧！這些日常，我在 Facebook、eBay 工作的時候，當數據分析師很忙碌，其實也都是其他非分析師團隊負責的項目，所以不管你是不是分析師，擁有這些硬實力，也會很有幫助。

數據分析的重要工作

一般人想到數據分析，應該會先想到等產品上線後，看看有幾個人用！其實數據分析早在產品開始做之前就開始上工啦！數據工程師、數據分析師、資料科學家有以下幾個重要工作：

漏斗分析（Funnel Analysis）

　　我們常說要優化網站、增加業績、改善客戶服務、增加用戶黏著度、開發下一代的產品等，但做這些事之前，都得回歸到「了解顧客、用戶」這一步。傳統上，你會找你的顧客來談談，做個訪問，訪問當然還是很重要，但現在數位數據這麼多，先拿現有的數據看一看，大概就能找出一些消費者洞察。

　　「這網站已經 10 年沒大改版，我想重做，請你做個漏斗分析，在現在的用戶行為中找出一些洞察，提供新版設計的參考。比如說，現在的用戶是到了首頁後去了哪一頁？後來在哪裡跑掉？」我當時是 eBay 的手機電商新興市場部門的產品長，請產品數據分析師幫忙。

　　一週後，數據分析師跟我約時間。「我分析了現在的網站，賣家的行為則是會先搜尋，看了產品頁面後才開始賣東西，猜想可能想先看要賣多少錢，可以請用戶體驗研究員訪談一下做確認。」分析師說。

　　我團隊上的產品經理於是決定在搜尋結果頁面旁，加上該搜尋商品的售價範圍及平均價位，並且在同一個頁面加上「上架商品」的按鈕，讓賣家可以直接開始賣東西。果然上架完成率大幅增加。

　　漏斗分析雖然隨時都可以請數據分析師做，但最有幫助的時候，就是當想要開發新的功能、提供新的服務、優化現有產品時，它能做為你決定要開發何種功能或服務的參考。畢竟，還有什麼比「數據顯示，用戶想要 ………」更有力的

證據做為產品開發的依據呢？

評估計畫（Measurement Plan）

　　你有沒有遇過一個情況，就是東西做好了以後，老闆覺得不好，但你覺得明明就很好？對的，所以除了商業論證，在產品開發時，產品經理還會和數據分析師合作產品「評估計畫」，就是說清楚在功能上線的時候，你要用什麼指標來評估、預計成效。這個「評估計畫」的概念其實不只是產品開發，我以前在當行銷經理的時候，也很常用，各大部門也都有類似的應用。

　　「評估計畫」要寫些什麼？通常我們會有以下幾項：

1. 用戶痛點和假說

　　舉例來說，我在 eBay 時做網頁改版，我們認為用戶痛點是「挑選想買的房子時照片太小，沒辦法很快決定哪幾間要點進去看」，因此改版放大商品照片，假說是：「如果我把照片變大，大家會看得比較清楚，就會比較多人買。」那我們就用放大前後，從看到照片到點擊照片，還有點擊照片到購買的轉換率做比較，評估是不是照片比較大真的比較多人點閱，而且還會購買。

2. 評估指標（Metrics）

　　依據重要程度分為主要指標、次要指標、觀察指標，主要指標 1 至 3 個就好，不然一大堆，也不知道到底哪個重

要，比如說結果業績變高、但是用戶留存率變低，就不知道到底算好或不好。另外，我們還會附上「反指標」（Counter Metric），是確保團隊不會為了達到「主要指標」而犧牲其他的東西，比如說，如果你的「主要指標」是業績，那「反指標」可以是利潤，這樣你就不會因為要有很多人買東西，然後低價出清，利潤變少。

3. 比較基準（Benchmark）和預估成果

做了新功能有 100 個人用，那 100 算是好或不好？所以先找好比較基準，比如公司其他產品、同業等資料，像是「預計做了這個 Instagram 廣告後，會增加 150 個用戶，本月業績增加 5%」。想好目標，結果出來就清楚明瞭啦！

評估計畫做好了以後，產品經理就會和數據工程師一起做「埋碼」（implement tracking），就是確定你要追蹤的數據都有寫 code 來追蹤囉！

A/B 測試計畫（A/B Testing Plan）

這些年在數位產品圈，大家都很喜歡講 A/B 測試，它確實是比較科學的方法，不然團隊裡的人，公說公有理，婆說婆有理，很難有共識定論，不如測一下讓數字來說話。

通常產品經理會和數據分析師一起擬定「A/B 測試計畫」，內容會有以下要素：

1. 測試的不同版本及假說

　　舉例來說，你可能有個假說是「網站的按鈕顏色，會影響使用者的點閱率」，於是你做了 2 個版本，A 版本按鈕紅色，B 版本按鈕藍色，你預計紅色按鈕會有更多人點選，所以你想驗證這個假說是否正確。

2. 時程

　　現在 A/B 測試工具很進步了，根據你的流量，A/B 測試工具會告訴你，測試要跑多久才能達到足夠的樣本數，根據工具的預估，還有依據你的商業需求，你得規畫測試要跑多久，每個階段要開放多少用戶可用新版本。你開放越多人使用，越快達到足夠的樣本數，得到測試的結果就越精準。可是，一下子開放很多人使用，也可能風險越高，一下子得罪全部的用戶。

3. 測試通過的條件

　　產品經理和團隊都希望自己的作品能趕快上線，但很殘酷的現實是，很多時候，怎麼測試，就是沒有比原本的好！一旦看到測試結果，大家就會不理性，這也是在 A/B 測試中，事先準備「Go or No-Go Plan」之所以重要的原因。比如說，事先講好，如果新版本比原本的購買轉換率高，且超過 5％，就可以開放新版本上線；沒有的話就要繼續改進，直到達到預期的轉換率。

產品上線後評估分析（Post Analysis）

　　產品上線之後，數據分析師就會根據原本和產品經理做好的評估計畫，開始做分析。記得，最重要的是要有「可以執行的洞察和建議」，因為你的一項分析只提到了好或不好，或是幾個人用，就算知道了也沒什麼幫助，重點是你找到的洞察是不是能影響團隊做不同的決定，還有他們是否可以立刻執行你的建議。

　　舉例來說，我的新創公司才剛做好一頁行銷頁面的時候，數據分析師建議我「應該做 App」，但當時，我們根本還沒有客人啊！App 誰要用呢？！後來他發現，在社群媒體廣告中看了影片到網站的人轉換率比較好，建議我們多做影片、減少照片貼文，執行後來然轉換率大幅提升。

　　以下我列出常見的評估指標供參考：

1. 轉換率

　　它有各式各樣的變化，例如：註冊轉換、訂閱轉換、下載檔案等，一般在電商，我們雖然簡稱轉換率，但其實指的是「從造訪網站到購買」的轉換率，比如說，你的網站「造訪數」有 100 次，其中有下單購買的是 10 次，那轉換率就是 10 除以 100，也就是 10％。一般電商的轉換率大約落在 1 ～ 5％，但沒有一定，要看你賣什麼。根據這個，你可以看網站或 App 上不同區域的轉換率，比如說，從首頁到產品頁面的轉換率、從搜尋到點選搜尋結果的轉換率、從產品頁面到放東西到購物車的轉換率、從購物車到結帳完成的轉

換率等，這樣你就知道到底哪裡流失客人、如何改進網站和 App。

2. 營收

就是你從客人手上收到多少錢，當然這其中一部分包括有成本，所以不代表你實際賺多少錢。你也可以看細一點，像是一個客人花 10 元（平均客單價，Average Order Value），有 5 個人結帳，總共營收 50 元，所以你可以看是最近平均客單價變低了，還是結帳變少了。

3. 留存率

你可以根據你公司的產品屬性，自己定義**「留存率」**的計算區間，比如說 3 個月留存率。意思就是這個用戶 3 個月後還是不是你的用戶？還是他用一次就再也不回來了？

4. 跳出率（Bounce Rate）

這是指造訪網站時只看了第一個頁面就馬上離開的訪客占比。類似的指標是**「離開率」**（Exit Rate），「離開率」和「跳出率」很像，但唯一的差別是，「離開率」表示，你離開一個頁面，但可能前面已經看超過一頁，而「跳出率」指的是你在整個網站上只看了一頁就跳出了。

5. 每月活躍用戶數

如果不是電商，而是特別在意「用戶量」和「黏著度」

的公司，像是 Instagram，通常會看「每月活躍用戶數」
（Monthly Active User，簡稱 MAU），或稱「每月活躍人
數」（Monthly Active People，簡稱 MAP）。還有觀測「單
日活躍用戶數」（Daily Active Users，簡稱 DAU），或稱
「單日活躍人數」（Daily Active People，簡稱 DAP）。

　　坊間的參考指標一大堆，但真正重要的是，思考到底公
司是怎麼賺錢的。比如說，Instagram 有用戶，用戶會貼文，
貼文引來大家的回文，有貼文、有回文，大家就會多看一些
發文，過程中就會看到廣告，廣告有人點閱，廣告主就會再
下廣告，公司就會賺錢。

　　所以，你可以增加用戶、增加用戶的朋友、增加用戶追
蹤的帳號、增加使用 App 的次數、增加貼文、增加回文、
增加看每篇發文的時間、增加廣告、提高廣告價錢，這些都
可以成為幫公司帶來成長，創造價值驅動力（value-driver）
的點。

　　好了，你現在知道了數據分析的幾項工作要點，不管
是不是數據分析師都可以用到，但如果你很喜歡數據分析
的工作，想要成為數據分析領域的專業人員，你也可以成為
「數據工程師」（Data Engineer）、「數據分析師」（Data
Analyst）、「資料科學家」（Data Scientist）三種。雖然很
多公司把數據工程師、數據分析師也稱為「資料科學家」，
但我個人認為，其實不是同一種工作。

實 力 開 外 掛

數據分析師的數學不一定都很好

　　先來介紹一下「數據工程師」，因為數據分析師分析數據之前，要先有數據啊！那數據哪裡來？當然就是要靠工程師寫程式、放進程式碼，我們叫它「埋碼」。通常這些人的背景是軟體工程師，他們擅長寫程式，偶爾這類型的工作也會由一般的軟體工程師來執行。

　　有了數據，「數據分析師」就可以來分析了，「數據分析師」一般來說又依據分析的數據不同，分為 3 種：

1. 行銷分析師（Marketing Analyst）：負責分析行銷相關的數據，例如：哪個貼文導流量到網站上的效果比較好、哪個行銷通路吸引來的人到網站上比較會下單購買、平均每花 1,000 元廣告費用能帶來多少顧客和營收等，這些分析通常是需要結合行銷通路與網站分析軟體的數據。像是先到社群媒體 Instagram、Facebook、領英看貼文有多少人按讚，廣告下了後有多少瀏覽，還有搜尋引擎上的數據，比如 Google Ads 上看關鍵字廣告的點擊，接著看看這些通路來到網站的流量有沒有購

買，這樣就可以知道廣告有沒有效啦！

2. 產品分析師（Product Analyst）：這在軟體科技公司通常指的是網站、軟體產品的分析師，負責分析軟體用戶使用的數據，比如網站流量多少、大家到網站上逛多久、如何使用 App 等。在電商領域的產品分析師常做「漏斗分析」。

3. 商業分析師（Business Analyst）：分析不是前面兩者的數據，像是店面來客量多少、大家都買什麼東西、大家哪個時間點造訪、物流出貨後客人多久收到貨，還有該如何調整定價等。

雖然大部分的「數據分析師」數學都不錯，因為要懂一些統計概念，才能做出更深入的分析，多數的數據分析師也都會 SQL、Tableau、R、Microsoft Power BI 等軟體，甚至會 Python 程式語言。但我也經常遇到數學不好、不是很懂統計的數據分析師，特別是行銷分析和網站分析，更多的時候，他們的工作著重在於對行銷、產品和用戶的了解，以及使用社群媒體上的分析介面、社群媒體上的 A/B 測試功能、網站分析等工具，像是 Google 分析等，做出可以執行的建議給行銷經理和產品經理。像我自己就曾經是這兩種分析師，我的數學其實超爛的啊！

實 力 開 外 掛

數據很好，但人更重要

說到這裡，你是不是覺得一定要用數據做決定、數據最重要？其實不是，很多時候，你不能只看數據做決定。

在 Facebook 上，你可能有看過「幾年前的今天」的功能，App 會提醒你幾年前的今天你做了什麼，可能是跟朋友出去玩，也許是你小孩小時候很可愛。聽起來是個很溫馨的功能，大家應該都很喜歡。但要是你小孩幾年前的今天出車禍過世了呢？每年的這個時候，Facebook 就會提醒你這個悲劇。

爛透了，對吧！

假如你是「幾年前的今天」這個功能的產品經理，你要不要做額外的功能，確保有這樣情況的人，不會收到這樣的訊息？要喔，對吧！我們都是很善良的嘛。

可是，如果你只看數字做決定，多少用戶、多常會有這樣的情況發生？不常對吧，所以身為以數據做決定的產品經理，這個功能，大概永遠不會被排上優先順序。

你必須記得，對你來說，一個用戶是個數字，是你成千上萬流量的一個，但你的產品，是他們當下，生活的一部分，或許還是很大的一部分。所以只看數字，你可能會做出對少數人來說非常爛的產品。

Part 2

阿雅老師，請問⋯⋯

　　我小時候是個讓老師頭疼的小孩，上課時，我很愛舉手發問：「老師，為什麼 .... ？」創業後，我更是遇到什麼不懂，就問別的創業家。過去 10 年，身為義務職涯導師，大家也很愛問我問題。

　　我前面已經談過如何溝通，還有跟同事面對衝突的時候如何處理，以及怎麼做簡報、向上管理、領導團隊。我也分享了不怕手髒、不怕失敗的能力，還有怎麼用矽谷頂尖科技公司的方法思考，並且從了解顧客開始，做出決策、創建產品、行銷產品與分析數據。下面列出幾個大家最愛問我的問題，一次解答！但別忘記用我教你的「思考力」找出你自己的答案喔！

你知道答案的

　　晚上 11 點，我才走出演講的場地，9 點結束的演講，觀眾包圍著我問問題，一直問到要收了，大家才緩慢地走出場地，在微弱的騎樓路燈旁，大家還繼續問問題，甚至拿著筆記本做筆記。每個人問的都不一樣，但大同小異就是：**告訴我該怎麼做，我會照著做！**

　　這讓我想起剛開始創業的時候，我常問導師雞毛蒜皮或各式各樣的事，像是：「你覺得寫這信給投資人，要不要附上簡報？」「你覺得要把簡報放在電子郵件的開頭，還是結尾？」「你說估值 7 到 10 萬可以，那你覺得要接近 7 萬，還是接近 10 萬？」

　　後來才發現，啊就真的沒有正確答案，有的人找客戶喜歡亂槍打鳥以量取勝、有的人喜歡公開請大家幫忙、有的人喜歡私下找熟識的人。

　　確實，仔細想想，大部分來找我聊的人其實心裡都有答案，只是因為不夠有自信做決定，因此連「思考然後找出答案」都不敢嘗試，但當我細問他們：「你覺得呢？為什麼？」大部分的人靜下心來，都有很不錯的邏輯和解決問題的方法。

　　就好像我之前在準備 Facebook 內轉面試，一開始一直在找考古題，到處搜尋，後來才發現，題目其實一點也不重要，因為同一種考題，可能會有無限種變化，比如「怎麼決定要做什麼功能？」的考題，對方可能會問「你是○○○產品的產品經理，你要做什麼功能？」這個「○○○產品」有無限的可能啊！所以如果你只是一直在背某種產品要考量的點，那永遠也背不完，但如果你是思考：用戶是誰？競爭對手是誰？為什麼要用這個功能？那答案就呼之欲出了。

　　有次我去「女力學院」演講，學員問我：「不知道職涯下一步要去哪，問了人，大家講的都不一樣，要聽誰的建議？」我說：「都不要聽。」現場一片靜默，大家大概覺得我故意找碴。

　　我是這樣認為的：問人的過程是在蒐集資訊，比如說，你不確定某家公司文化如何，所以想知道這家公司的環境、同仁的合作方式。或是，你不知道要在美國當營運專案經理的技能，所以從了解其他人的工作經驗開始。還有，你不確

定自己過去的經驗有哪些在某個產業近年比較受到青睞，想知道要在履歷上凸顯哪個比較好，所以問身在該產業的人。

問人是為了蒐集資料，但是蒐集好資料後，是你自己要找出「權衡標準」，比如說你是覺得公司自由度很高很好，還是期盼有老闆能手把手帶你？你是希望公司發展很快但壓力大，還是覺得穩定輕鬆比較好？你是想多學未來可以轉職的新技能，還是能善用過去的經驗當主管比較重要？接著你才根據自己定下來的「權衡標準」做出決定。我義務為上千人提供職涯諮詢，大多數的人都是來「問答案」，但有一次，有個台大學生來聊，他說：「我來跟妳說我的困境，但請不要講妳覺得的答案，請跟我分享妳是否遇過類似的情境，以及當時妳怎麼做出決定。我只想聽妳的經驗，讓我自己思考要招募的人。」

所以，問別人蒐集資訊很好（我最愛問人了！），但別忘了，答案只有你知道！

Q1：畢業時如何選擇工作？

Ⓐ：不要被職稱綁架了，才不會浪費好幾年都在做你其實不想做的工作！

大衛來我公司申請實習，他是個 MBA 學生，念研究所以前有幾年的管理顧問和業務支援經驗。他說自己想做的工作是產品經理，接著他舉了一堆經驗，我怎麼聽，怎麼都不是產品經理的經驗啊！我接著問他過去工作中最喜歡的項目

是什麼？爲什麼喜歡？他又說了一長串，結果全都是產品行銷經理的工作啊！我跟大衛說他的經驗很棒，但更接近產品行銷經理的工作，團隊上剛好有個相關的專案，我想他應該會適合，說明後他也超興奮。

但過了幾週，大衛又來說，他想做的事情是產品經理，因爲同學畢業都去科技業做產品經理了。我說他如果想來我公司實習產品經理的工作，我也可以考慮，但他得清楚知道，以他過去的背景，就算有幾個月的兼職實習，我想畢業後要在歐美找到產品經理的工作也是很難的，畢竟過去就沒什麼相關經驗啊！

我分析給他聽：「你以前的經驗似乎都是產品行銷，所以如果你的目標是畢業後快速找到好工作，那產品行銷的實習經驗，可以幫你補足歐美工作的經驗，畢業後要到很棒的公司當產品行銷經理應該很有機會。但，如果你已經確定自己要做的是產品管理，只是過去沒有產品經理方面的相關經驗，也可以來實習，不過就是當做轉職的起步，畢業後可能也得從小公司勉強相關的工作做起，或是可能一陣子找不到工作，必須繼續實習累積經驗。」

大衛猶豫了，我猜想，他是覺得「產品經理」職稱上似乎是很棒的工作，同學也都在搶，但自己確實好像喜歡的是「產品行銷經理」，而且畢業後「產品行銷」似乎也比較容易找到工作。邏輯聽得懂，但他就是放不下。我要他別急著做決定，但要清楚知道這是不同的職涯路徑，也需要不同的技能，不要被職稱綁架了，我建議他從「產品行銷」的實習

下手，同時也會給他幾個關於「產品管理」的小案子，他可以體驗看看。

我是美國西北大學凱洛格商學院的老師，我發現學生申請 MBA 的時候，每個人的故事、畢業後想做的事情都不同，從營運、物流、財務、環保、太空工程、行銷、業務，什麼都有。但畢業的時候，大家全都只想到科技公司做產品經理、到管理顧問公司做顧問，或是到投資銀行做財務管理，幾乎沒有別的選項。但畢業幾年後，學生們又會回到完全不同的領域。這表示，他們其實根本不想做那幾個「大家畢業都在做」的工作，只是畢業的時候，覺得那幾個最紅，「大家都要，我也要」。但這過程，其實反而延誤了職涯成長，因為你浪費了幾年在做自己不想做的工作啊！

Q2：我想做○○○，可是……？

A：你想要的獎夠大嗎？你敢想，就有機會；連想都不敢想，機會就是別人的啦！

前陣子有則新聞提到，有個人發現公司的工作可以被機器取代，所以他花了 2 個月的薪水請人寫了程式，接下來 5 年就靠著程式做這些工作，完全不用工作就領了多年薪水，甚至被加薪 2 次。文章發出後大家都覺得他很聰明，也很羨慕。我卻覺得，這個人的眼光可以更大點啊！畢竟這個人做的工作如果這麼容易被取代，他的薪水大概也不高，就算 5 年不用工作，賺到的也不算多啊！

　　舉例來說，這個人或許可以用這個程式創辦一家公司，轉成賣服務給其他有類似需求的公司，搞不好能成為獨角獸。或是如果他把這個想法早早提供給公司知道，可能就被請來分析還有哪些地方可以自動化增加效率，那他可能就從低階的資料輸入勞工，成為部門主管，加薪和前景可能都遠大於 5 年的低階勞工薪水。

　　在輔導粉絲職涯的過程中，我常發現大家有個盲點，就是因為經驗不多、談的人不多，因此視野不大，常在小地方鑽牛角尖，比如有個粉絲說她得到兩份公司的錄取，相差新台幣幾千元，她很猶豫。我問她之後的職涯規畫要做什麼？她說是想到美國財務公司當軟體專案經理，我問她：「那妳為什麼現在不能做那份工作？缺什麼？哪個工作比較能補足缺的東西？」她馬上就能清楚點出其中一份工作比較能補齊缺的經驗，而在美國財務公司當軟體專案經理年薪可能高達千萬，所以與其在想相差的那幾千元，不如放眼選擇可以離千萬年薪更接近的工作經驗。

　　我常在想，要是當年一直想繼續在台灣記者圈慢慢當上主管，我大概也沒能踏上到矽谷頂尖科技公司工作的旅程，誰想得到後來還能有從台灣小記者一路到矽谷 Facebook 等公司當科技主管的經驗呢。當然，當時也不知道夢想可以這麼大，但我明白世界很大，肯定還有自己不知道的事情，我得放手一搏！

　　我剛開始創業的時候問前輩：「你覺得新手創業，最常犯的錯誤是什麼？」其中他們都會提到的一點，就是眼光要

放遠，像是提到，有些創業家會太擔心有人投資，就要給別人股權，因此錯失靠有策略性的資金而快速成長的機會，但是「擁有百分之一的 Google 股權，可是遠比擁有百分之百的一家小店股權來得值錢啊！」你敢想，就有機會；連想都不敢想，機會就是別人的啦！

Q3：我想去○○○工作，可是經驗或能力不足，怎麼辦？

A：有時候會覺得迷惘，覺得無助，其實是因為認為自己不夠好，但其實仔細分析，缺什麼就補什麼啊！

很多人因為找不到自己喜歡的工作來求救，我通常會先問他們：「你想找什麼樣的工作，什麼樣的公司和職務？」接著，我會問他們：「為什麼找不到？你缺什麼？」

大部分的人會說，是因為經驗不足，所以在履歷和面試過程中被刷掉，比如說，想到美國 Google 做數據分析師，那表示你需要有「美國市場」「科技公司」「數據分析師」等的工作經驗，那就簡單啦，就缺什麼補什麼囉。

要是沒有美國市場的工作經驗，可以找個美國公司做無薪的實習；要是缺科技公司背景，那可以先跳槽到科技公司；要是缺數據分析的經驗，可以考證照、學統計軟體。

只要能補齊經驗，無論是不是有高薪，都是很珍貴的。你想想，你去上課還要交學費呢！要是一直在家裡失業投履歷被拒絕，也是沒錢賺啊，倒不如趕快去找個兼差、實習，把缺的經驗補起來。

很多人問我，沒有在美國讀書可以在美國找工作嗎？如果想當數位產品的產品經理、產品設計師、數據分析師等，但沒有相關經驗，要怎麼拿到在海外的第一份工作？已經在科技公司工作，但怎麼繼續加強，才能到矽谷頂尖科技公司工作？

其實你就是需要符合 3 樣東西：職稱技能、產業經驗、在市場應對進退的專業能力，缺什麼就補什麼囉！

職稱技能是比較容易理解的，也是最重要的，其實就是「你有沒有做過類似的職位」。大部分的人遇到的困難是，因為美國科技公司的職務跟其他地方和產業有些不同，還有這些公司分工通常比較細，因此常常搞不清楚，投了一堆不適合的工作。以軟體科技公司來說：

● 產品經理負責決定要開發什麼樣的網站、App 或是系統的功能。

● 產品設計師負責設計網站、App 或是系統的功能，設計用戶體驗流程還有視覺。

● 軟體工程師負責寫程式，將網站、App 或系統建置起來。

● 數據分析師負責觀看網站、App、系統、顧客等的數據，從中找出洞察，了解用戶、顧客的行為和需求，以及軟體功能或行銷是否有效。

● 數據工程師的工作是寫程式，讓數據可以被追蹤。

● 行銷經理負責透過不同的行銷通路，把要傳達的訊

息告訴消費者、客戶，或是其他公司想鎖定的目標對象，好改變他們的行為或想法。

● 專案經理要做溝通、追進度，協助大家以最有效率的方式完成專案。

● 財務經理負責預測財務報表、規畫預算，確定大家辛苦做的事，大致能為公司獲利，而且他們也有足夠的預算去做能達成業績目標的事情。

● 營運經理負責管理採購、營運、物流，確定公司的服務或商品提供都可以有效率地運作。

產業經驗就是看你有沒有做過類似產業囉，比如軟體科技業、硬體科技業、零售業、物流業、醫療業、金融業、娛樂業、媒體業、時尚業、旅遊業等。

在市場應對進退的專業能力，聽起來有點複雜，其實就是社會化的程度，說穿了，以在美國工作來說，就是你有沒有美國公司、在美國工作、跟美國客戶打交道的經驗，以及是否了解美國文化、產業文化、市場洞察的能力。有些人專業知識挺豐富，但你就覺得他怪怪的，好像無法很進入狀況，就是缺乏這項能力。

我發現，我們有時候會覺得迷惘與無助，其實是因為認為自己不夠好，但其實仔細分析，缺什麼就補什麼啊，跟拼圖一樣，原本看起來很亂，但一塊一塊補齊了，就越來越有頭緒。

Q4：什麼樣的人適合到矽谷工作？

A：人生有風險才有報酬，人生那麼長，不冒個險，多可惜啊！

　　有次西北大學的學生們到矽谷參訪，我邀請了幾個以前的老闆跟他們面談，在其中一個講者家的後院的游泳池畔，我們坐在一旁的戶外區進行小型的演講。

　　學生問講者：「你覺得什麼樣的人不適合到矽谷工作？」我前老闆 Christine Ellis Purcell 是個活潑的美國女性，能言善道，聽她講話總覺得充滿熱情和正能量，她想了一下，先開玩笑地說：「嗯，首先，矽谷四季如春，你要是喜歡下雨、下雪，這裡就不適合你了！」

　　接著 Christine 說，她之前很想到歐洲體驗看看，一直在找適當的機會，結果有天有個在 Facebook 工作的朋友問她有沒有興趣到 Facebook 的愛爾蘭辦公室工作，因為剛好有個職位很適合有管理顧問背景的她，朋友在電話上問她：「妳覺得 OK 嗎？」她回頭問丈夫：「有個歐洲機會，我們要不要去？」丈夫問：「哪裡？」她說：「愛爾蘭。」丈夫手比了個「讚」。就這樣，他們搬家到愛爾蘭工作。

　　說到這裡，一旁我在美國希爾斯百貨集團工作時的前老闆 Zoher Karu 也接話，他剛從新加坡工作 3 年回來，從矽谷的 eBay 離開後，剛好花旗集團挖角他去新加坡，他其實挺猶豫的，畢竟小孩要上學，舉家搬遷到新加坡可不是一件小事，後來他還是去了，而且家人也都很喜歡那裡。

所以，矽谷人士似乎充滿冒險性格，不愛冒險的人恐怕不適合矽谷，我想這也是為什麼矽谷創造了這麼多頂尖公司、傳奇人物的原因。

我想起朋友的婆婆：我念西北大學的室友黃可夫是中國人，在美國嫁給了白人，有天，她的白人婆婆突然跟她說想要到中國教英文。可夫嚇了一跳，心想婆婆已經 60 多歲，可是在美國小學教了一輩子的老師，也不會說中文，怎麼突然想要隻身到中國去教英文？原來，婆婆受了可夫的啟發，覺得自己一輩子都做一樣的工作，過著安穩又平淡的日子，因此想把握機會嘗試不同的人生體驗。

人生有風險才有報酬，人生那麼長，不冒個險，多可惜啊！可別等到頭髮白了才發現平淡過了一輩子啊！

Q5：遇到不順時，怎麼應對？

A：換個角度想吧！

我是個愛送禮的人，每次去逛街，9 成的時候，我都是在看要買什麼東西送誰，根本沒有在買自己的東西。有時看到可愛的小孩玩具、衣服，我就會買下來，也不知道要送誰，就想說先放著，之後有需要再拿出來；哪知道誰哪天突然就生了小孩，你說是吧！創業之後因為沒有收入，我挺省的，有天我媽打來，一邊碎念「唉呀，家裡那些小朋友的禮物還一大堆」。

　　聽完我媽的話，我說：「對耶，還好以前有買，不然現在沒錢了，就沒禮物送人了！」我媽愣了一下，然後回我說：「我的意思是，妳以前不該亂花這些錢的，要是省下來，現在就有錢啦！」嗯，好像也有道理。不過因為我想的角度不同，所以似乎就開心一點。你要是遇到不順，要不找個比較天兵的朋友幫忙開導一下，教你換個角度想吧！

　　我去演講，有時大家看我很有自信，以為我是一帆風順的人生勝利組，但其實我常覺得自己很爛呢！我不是天才型的人，畢業投履歷 500 封，Facebook 內轉模擬面試 73 次，特別是創業之後，人生起伏很大，幾天似乎很順利，馬上又有很多艱困的情境，更別說跑業務、找投資，大部分的人都是拒絕我的啊！每天都像是洗三溫暖，一下順利、一下失意。

　　有天男友吉姆正在廚房切菜，我走到他旁邊，靠著水槽，愁眉苦臉地對他抱怨自己的不順利：「我覺得自己真的好爛！我也好想當第一名。」

　　吉姆手上的動作沒停，切菜、把青菜下鍋，然後他一邊炒菜，一邊淡定地說：「那妳就當最爛的裡面的第一名啊！也是不錯。」

　　我笑了。對耶，換角度想，最糟我也是可以當吊車尾的第一名。

　　很多人問我關於「成功」的問題。幾個月前我在芝加哥，回到母校西北大學教課，吉姆週末飛到芝加哥陪我，我走在下雪的芝加哥市區，密西根大道上，兩側都是高價名牌

精品店。

「10 多年前，當窮留學生的時候，我走在大道上，覺得自己好窮。心想有一天可以成功地回到這裡。怎麼感覺過了 10 多年，走在這裡，還是覺得自己好窮，買不起這些名牌包？」

「那如果妳有錢，會買這些名牌包嗎？」吉姆問我。

「嗯，不會。」我說。

「那妳的手機比較貴，還是那個包比較貴？」吉姆問。

我愣了一下說：「嗯，好像差不多。」

「『窮』是妳買不起自己想買的東西，但妳根本不想要那些東西，而且如果真的要買，它們跟妳的手機一樣價錢，而妳買了手機。所以妳很『富有』。」吉姆說。

傍晚飄雪的密西根大道，突然亮起路燈來。嗯，我覺得很富有。

Q6：面對情緒低潮如何保持動力？

A：從正視開始，你才能啟動「恢復這條路」，因為這條路無論你想不想要，都是要走完的，就去吧！

我演講的時候，大家最常問的問題之一就是：「妳好像很樂觀。妳是怎麼在挫折中站起來？」

你可能會以為我會說什麼「啊就越挫越勇啊，多失敗幾次就沒在怕啦」之類的回答。

嗯，確實，我也會問創業家前輩們：「創業的時候常常

有人拒絕你，要怎麼調適心情？」他們也是會說「久了就習慣了」。

我覺得「久了就習慣了」肯定是真的，但我也認為挫折這件事，有點像失戀或親人過世一樣。好啦，當然是比不上這兩個例子這麼嚴重，但我的意思是，恢復這件事沒有捷徑。傷心就是一個必經的過程，你會傷心，是因為對這件事用心、在乎，所以會有情緒的反應，這是好事。

要從挫折走出來，就是得有一點時間，也需要下一個動力，你必須面對失敗、悲傷，以及自己在某些領域還不夠好的事實，從正視開始，你才能啟動「恢復這條路」，這條路無論你想不想要，都是要走完的，就去吧！

還有，我知道有件事很難，但我仍然會試。那就是不要把挫折這件「事情」和自己這個「人」做太大的連結，舉例來說，如果遭裁員了，也許這只是公司在某個領域有了新的策略，而不是對你「個人」的評價；或者比賽輸了，它不過是你在比賽這件事上不在行，並非你在某個領域的專業不好；申請的學校沒上，是你的申請表與其他學生比起來，剛好比較不適合這間學校，並不代表你就是個爛學生；投履歷後毫無下文，是這個時間點沒有適合的機會、沒人看到你的履歷，或是你的履歷不夠好，並不是你的經驗沒有價值。

我也常跟大家說，轉移注意力，當你動手開始修補失敗、學習新事物，就沒空傷心啦！況且以後你再回頭看可能就會發現，以前的那些「失敗」，啊！就是好笑的回憶，也不是什麼大事，自己當時竟然還因此哭了一場，真是可笑！

　　《我實現了理想生活》這本書提出了「超前感受」
（Feeling Forwards）這個概念，作者 Elizabeth Gould 不同
於其他建議大家失意時正面思考的作者，她建議用「超前感
受」假想你已經成功了，讓自己沉浸於期望的未來，然後專
注於對自己有意義的人事物。

　　當然，說比做容易，但你至少要知道，在失敗這件事
上，沒有人是專家，只是每個人有不同的方式正視，我的
方式是分享給別人、動手學新的事，用自己的方式走完這段
「恢復」的旅程就對了！

Q7：如何紓解壓力？

Ⓐ：**有彈性一點，身體和心理都會舒服一些，表現也會
更好！**

　　我 Facebook 的老同事 Mo 說他最近為失眠所苦，我說
曾看過一本《失眠可以自療》的書提到，人其實一、兩天沒
睡好，精神還是可以不太受影響的。我們會覺得累，一部分
是因為心理上認為自己「應該要覺得累」。

　　Mo 就說：「對耶！我有一次醒來，發現凌晨三點，當
下就覺得好累。結果仔細看，是早上六點，突然就覺得精神
不錯！」

　　我告訴他，以前我經常出差，也會因為時差失眠而苦。
他問我：「那我睡前該做什麼才會睡好？」我就現學現賣從
書上學來的知識：「我不會告訴你該做什麼，因為你越想

『我該做什麼』就越睡不好，因為那都是壓力啊！紓壓，就是最好的方式啦！」

他想想自己確實在睡前有一堆「好睡清單」要做，而且總是想說如果沒有在幾點幾分睡著，隔天就會精神不好。我雖然不是醫生，但光是聽那一堆「規定」就覺得壓力好大，難怪他會睡不好啊！

大家應該都有那種大考失常的經驗，其實就是和 Mo 一樣，當你越想要做某件事，壓力就越大，反而做不好。而且越覺得自己「應該要覺得累」，就越覺得累，心理真的會影響生理。一直告訴自己「我應該要………」，壓力越大，反而越提不起勁做事。

COVID-19 疫情期間，加上剛好在創業，我第一次長期在家工作。事實上，以前我從來沒想過自己可以在家工作。學生時代，我喜歡去圖書館讀書；上班後喜歡進辦公室，跟每個同事都說說話；即使是聖誕節前夕，公司只有我一個人，我也愛公司裡的環境，感覺整個辦公室只有我，特別有效率。但在家上班後，我也愛上了在家工作。主要原因，就是我發現更能觀察自己身體的聲音了。

身體有什麼聲音？你大概會一頭霧水。是偶爾身體會放出臭臭的那個嗎？唉呀，好髒喔你！不是啦！

像我以前上班，整天都在公司跑來跑去，偶爾會覺得想睡，但從來沒注意過那是什麼時候。只知道，每個月確實有天特別疲勞，也不知道為什麼。在家上班後，我才發現，原來是生理期前一天，自己會特別疲勞。因此，我學著那天就

安排一個短暫的午休時間，這樣接下來的半天就可以恢復生龍活虎。

我不是紓壓專家，也常因為壓力磨牙，但現在不管是在睡眠或工作上，都會告訴自己「這個如果做不好，也沒什麼大不了」。我也會跟著身體的聲音走，如果累了就多休息、不累就多做些，盡量不給自己太多「一定要這樣」的規定。反正要是累了，硬做事，下場也只是完全沒有效率。或者是如果身體不累，但一直覺得「應該要累」，結果就真的累了。

有彈性一點，身體和心理都會舒服一些，表現也會更好！

Q8：怎麼跟別人培養關係？

A：只要相信，你盡力幫人，有天那個人也會記得幫助其他人，那世界就會更好。

大家都知道人脈很重要，但一聽到人脈，就會覺得需要「社交」（Networking），聽起來就很累，特別是內向的人，一想到要和別人講話就冒冷汗。

我在 eBay 工作的時候，我的老闆 Ariel Meyer 是個業務出身的魅力型領導人，他只要一出現，就是工作、派對上的鎂光燈，感覺他人緣特別好，有次我們一起到中國出差，在塞車的計程車裡，我問他：「你都怎麼跟別人培養關係？你都常常跟他們混在一起嗎？」

「其實妳想錯了。」他說。

「啊？」我一愣，不知道該說什麼。

「其實大多數時候，別人幫助你，不是因為你跟他很『熟』，而是因為你曾經幫助過他。」他說。

他看我一臉迷濛，就接著說：「你跟一個人很『熟』，他會幫助你，是因為你在跟這個人『熟』的過程中，有機會幫助到他。這就和存錢一樣，當你每一次幫助對方時，就是放錢在撲滿裡。」

「那要怎麼領出來？」我問了一個蠢問題。

「那就要記得密碼啊！『記得密碼』就是『保持聯繫』。」Ariel 說。

「可是……我不知道能幫他們什麼，因為可以伸出援手的人，都比我還資深啊，他們什麼都會，我幫不上忙啊。」我有點不耐煩，覺得 Ariel 有講跟沒講一樣。

「首先，不是只有比妳資深的人才能幫妳。妳記不記得最近一次妳去參加屬下評鑑，妳當時要評比一個同事的屬下 Charlie，但妳跟他不熟，妳那時候做了什麼？」Ariel 很有耐心地試圖引導我。

「嗯，我去問我的屬下 Raymond，他平常跟 Charlie 比較熟。」我說。

「這就對啦！Raymond 也沒有比 Charlie 資深多少，但還是幫他了，對吧？！可是 Raymond 為什麼要幫 Charlie 說好話？」Ariel 問。

「因為平常 Charlie 幫過他呀！」Ariel 的道理，我好像

稍微懂一點了。

　　「但是，還是不對啊，我依然不知道自己能幫別人什麼！」身為亞洲填鴨式教育長大的小孩，面對阿根廷裔老美 Ariel 的引導式領導，我還是有點覺得搔不到癢處，恨不得他快給我待辦清單，讓我一一完成就好。

　　「嗯，那妳這週去觀察一下，下週開會跟我報告所有妳想得到、觀察到的『幫助同事的方法』。」他說。

　　我畢竟是亞洲小孩，所以一被交辦「作業」，就開始仔細觀察。我發現，可以幫助人的方法很多，像是稱讚人，每天同事都會做些事，要是不論大小，確實很多事情做得不錯，每個人都希望得到其他人的認同，一句「很棒呢！」就能大大幫助同事。還有，社群媒體夯，對別人的貼文、回文、分享按讚或愛心，就是很大的鼓勵。甚至，在 Facebook 上祝對方生日快樂，也是很簡單可以完成的事。

　　還有，很多時候，關心、傾聽，或是些微地打開心房，就是對別人最好的幫助。我記得有次我到肯亞出差，英國的同事也加入我，當時我們倆都是團隊上的新人，也都算是比較不被重視的非核心角色，常常開會我們講話沒人聽，我們剛好提到這件事，我問她「妳好嗎？」，分享了自己的感受，她頓時開了話匣子，對我說她的挫折，我們倆彼此鼓勵，即使我們合作不算頻繁，後來就有了還算深厚的交情。

　　另外，對於不同公司的人，介紹人脈是最快、不花時間又有具體幫助的，每個人認識的人都不一樣，你肯定有認識能夠幫助對方的人，就算沒有，大概也有你認識的人可能會

認識某個人，世界很小的啦！

　　像是我參加矽谷傳奇投資人 Tim Draper 辦的創業比賽，比賽後因為我得名，所以約他面談。我知道在新創圈，他能幫助我的，肯定比我能幫上的忙多得多，但我寫信前，我先看了一下他投資的公司，有各式各樣的新創，我仔細想想，發現我都有可能可以幫上忙的地方，像是有金融方面的新創，我就說可以幫他們介紹自己在金融領域很有經驗的朋友；有電商的新創，我主動看了一下他們網站並提供我的建議；有在招募的新創公司，我看了職缺說明，就建議他們試著挖角某個以前的同業。對，或許我沒辦法直接幫上 Tim 本人，但很肯定可以幫上他在意的人、想要幫助的人。

　　不過，以前的我會覺得如果用心幫了一個人，以後在需要幫忙時，對方要是不伸出援手，我就會感覺很受傷。現在我已經不會這樣想了，因為發現這樣的事情就是常常發生，有許多因素，或許對方當時很忙、已經忘了你過去的幫忙，或者他其實幫不上忙。況且我也會收到一些陌生人的幫助，所以只要相信，你盡力幫人，有天這個人也會記得幫助其他人，那世界就會更好。有這樣的心胸，就對了！

　　累積人脈，就從到書店網站幫這本書寫書評開始吧！喔，對了，還有來 Facebook、Instagram 按讚呢！謝謝你幫助我！

後記
出發，你準備好了嗎？

　　我站在一人站立大小的芝加哥西北大學宿舍的淋浴間，想著還有幾百天才能畢業，但我真的聽不懂英文、什麼都不會，覺得自己弱爆了，我放聲大哭，雙手撐著牆壁、低著頭，眼淚隨著蓮蓬頭的水混在一起，往下流去，「學校收錯人了，我真的不夠格！」我想。

上課一個字也聽不懂的學生，竟然變成老師

　　那是 10 多年前、在美國西北大學當行銷所研究生的我，英文差、沒有行銷背景，上課常常一個字也聽不懂，只好一下課就黏著講中文的同學，請他們用 10 分鐘跟我說老師剛剛 2 小時的課堂中究竟說什麼。為了練習英文，我到學校旁邊的養老院和 95 歲的老奶奶聊天。因為小組作業我常寫不出來，只好勤跑腿，幫組員買便當、印報告，希望他們團隊評鑑不要給我太低分。我常常擔心自己這麼弱，會不會畢不了業。畢業時，我沒有拿到系上企業徵才的任何面試，於是到其他學院的徵才活動門口等門，有招募經理出來就遞上履歷說：「您好，我是隔壁系的學生，我不能參加徵才，但這是我的履歷，請您參考！」英文不好，履歷求職信、找工作的 email 都寫不太出來，我就天天到學校職涯中心、圖

書館，根據不同職缺改履歷和 email。

畢業典禮那天，學校叫到我的名字，我走上講台，禿頭的學院院長對著我微笑，我看著台下那些平常幫助我的同學，拉了拉紫色的畢業服，跨出腳步往前走，爸媽因為機票貴，沒能到場，但我知道自己這一步，他們一定很為我感到驕傲，畢竟，我是那個「吊車尾」熬過來的學生，並非資優生，但學校給了我機會，而我真的做到了！

畢業後為了找工作，我去了美國大城紐約和洛杉磯 2 個月，拜訪陌生校友，投了 500 封客製化的履歷，但也沒找到工作。最後靠著拜訪中學到的事，寫了一本商業計畫，到芝加哥一家出版農夫雜誌的雜誌社，毛遂自薦建議做數位轉型，沒想到對方真的雇用我，讓我得到在美國的第一份工作！10 年後我成了矽谷 Facebook 等科技公司的主管。

我的職涯偶爾跌跌撞撞，過程中遇到挫折時，常會想起在宿舍淋浴間爆哭那一幕，「如果英文一個字也聽不懂都可以畢業，現在的困難最終一定也可以順利突破，再撐一下吧，阿雅！」我對自己說。

或許是感恩學校給了我這個醜小鴨機會，畢業之後我一直很盡力幫忙學弟妹。

畢業後我跟同學一起創了台灣校友會。以往只有商學院會辦招生說明會，其他系所學弟妹申請都得各憑本事找人介紹，才能找到現任學生。我們創辦校友會後，舉辦全校性的招生說明會，讓申請的人在申請過程中就可以跟現任學生請教，上榜的機會更高。有一年我在 eBay 工作，徵才後

有個學妹寄求職信來，上頭寫著「我很有興趣到 Amazon 工作」，對的，複製求職信連公司都忘了改。後來我還是收了她。我每年也招待老師與學生做企業參訪，分享科技公司的職場現況。有一年來的是一群韓國學生，亞洲學生看著 Facebook 的健身房、免費拉麵、電玩室、園區交通車，甚至有珍奶和現打果汁等免費飲料，每個人都驚呼公司福利真好，「你知道為什麼公司要有這些服務嗎？因為我們常常早上六點半就要和歐洲公司開會。有時候一直到晚上 11 點，我們還在公司與印度的同事開視訊會議和趕案子。這些福利讓我們能有更多的時間在工作上。」學生們手上拿著免費冰淇淋，表情從「來迪士尼逛逛」頓時變得嚴肅了一些。

　　我接著說：「公司每年會裁員，你可以盡情享受，但同事們都很優秀，如果你業績無法達標，或是不能比那些哈佛畢業的高材生還好，就謝謝再聯絡。」學生們倒抽一口氣，聽到職場現實，有些震驚地看著我。

　　我常回學校演講，「很感激學校給了我機會，因為以履歷看來，我肯定是比別的學生差，所以感激學校看到我的潛力，給了我機會。選個優秀的學生很容易，但要能夠看出學生的潛力，就需要真正的教育家眼光了。」雖然我有時候心裡還是會想，可能學校只是不小心選錯人罷了！

　　我不敢告訴別人，但有時候做起白日夢自己都會想，有一天真的發財的話，要捐錢給學校。不過我想也不敢想的是：竟然有機會成為一名老師。

你想要的機會，別人不會通靈知道

「Anya，Don Schultz 教授過世了！我想邀請妳來參加追思會。」許久不見的老師突然在領英上傳來訊息。

啊！Don Schultz 可是「整合行銷傳播之父」，是創立並宣揚整合行銷傳播概念的主要推手，出版過 28 本書，對！28 本！他 86 歲過世時，還在寫書。很多人都說他和行銷圈最有名的西北大學商學院教授科特勒（Philip Kotler）齊名，是這個世紀最具影響力的兩位行銷教授。得知他過世的消息，我當然是很難過，立刻答應義務幫忙追思會。

當時正逢新冠疫情，追思會改成線上，螢幕打開時，我驚訝發現老師都好老了（老師應該也是覺得我變好老），畢竟其中不少老師，我上次看到他們的時候已經是 10 年前了。

追思會後，有位老師請我幫忙義務代課，我二話不說立刻幫忙，也跟一陣子沒聯繫的前系主任 Frank Mulhern 問好。

「主任最近好嗎？忙什麼？」

「還可以啊！就是 Don Schultz 過世了，也有些老師退休，現在有幾堂課在找老師。」主任說。

主任接著說：「那妳呢？最近忙什麼？」

「就忙新創啊！對了，我現在創業時間稍微比較彈性，如果有代課或演講的機會，請讓我知道，我很樂意幫忙。」我雖然想，自己應該不夠格，但要是有一、兩次演講的機會就很榮幸了，還是鼓起勇氣說出我的意願。

沒想到，主任說：「聽說妳最近代課教得不錯！我正好有一堂必修課在找老師，那妳來跟我一起教課吧！」

　　什麼！這實在太不可思議了！那是研究所上最重要的必修課之一，而且還是跟前系主任一起教，加上剛好碰到新冠疫情，課程都改成線上，原本一定要在芝加哥上的必修課，也破格收了我這個住在矽谷的老師。

　　2 個月後，看到自己的照片被放在學校網站上，我真的不敢相信。

　　上課開始前 1 個月，我就仔細研讀每個學生的背景，聖誕節前一天，我分別寫信給 130 個學生，寫下我對他們背景特別有印象的地方，祝他們佳節愉快，並歡迎他們來到我的課，學生回我：「哇！謝謝妳！從來就沒有老師在學期開始前會研究我的背景，並且來跟我打招呼的！」

　　一月初開始上課，時間是西北大學芝加哥校本部的早上九點，也就是矽谷的週一早上七點。我平常都熬夜到兩、三點，所以一個禮拜前就開始調整時差，練習早起，前一天我心神不寧，整天坐立難安，晚上九點我趕緊躺上床，希望隔天能夠順利早起。沒想到，太緊張翻來覆去，一整個晚上沒睡。上課時，我把過去在美國 Facebook、eBay、麥當勞及零售集團 Target、希爾斯的工作經驗寫成各種個案，上完兩個小時的課，鴉雀無聲。我想，死定了，根本沒人聽懂？

　　突然有同學說：「我覺得這實在太棒了！」瞬間，視訊會議 Zoom 上有幾十個學生按「+1」。怎麼也想不到，我這個曾經覺得自己真的畢不了業的學生，竟然有這麼一天。

　　接下來的 1 個月，有幾十個同學主動跟我約導生時間，大家都很喜歡課程，還敞開心胸和我談心，系主任還立刻問

我下學期是不是願意開其他的課。

　　幾週後，我準備了完全沒有教過的課，在前一天同樣也是整天坐立難安，翻來覆去等天亮。我想嘗試新的工具，請同學線上分組討論，結果下課同學就來約談，說分組討論的人都不講話，覺得上課沒聽懂，接著我就難過了一整天，覺得自己教得好爛。

　　學期結束，我得到的整體評鑑中上，少數學生覺得我教得太難、太快，但在「老師真心關心學生的發展」這個評鑑上，我拿了幾乎滿分的超高分，接著我收到了十幾個學生文情並茂的來信，還是在成績已經定案後（表示他們不是為了拍馬屁得高分）：「妳是我遇到最好的老師了！」「這堂課真的讓我學習如何思考！」「妳的故事啟發了我，讓我覺得熱血沸騰！」「老師，我真的好喜歡妳！」「我本來很討厭早上七點的課，但因為妳，我每次都很期待！」我看著這些來信，覺得那些熬夜都值得了！

　　不久後，行銷系上請我再開其他課程，甚至請我教高階經理人專班，世界前幾名的西北大學凱洛格商學院、理工學院、法學院、新聞學院也主動聯繫，除了行銷，也請我開產品管理課程，甚至要我教高階經理人專班。

　　大概，人生就是這樣吧！沒有天天過年的，不可能事事順利，也不可能一次就完美，但能夠不斷挑戰、持續學習、邁向下一個里程碑，就是 OK 的了！

一個換一個就能過河的「滾石頭道理」

我戰戰兢兢上了 Zoom，身體還微微發抖，竟然要以公司名義上美國最大的媒體之一 ABC 新聞，而且是連線直播！說是「公司」，其實有些勉強，畢竟我們才剛開放租衣服試營運，只有幾個客人而已啊！到底我這小到不行的「公司」，怎麼有辦法上 ABC 的午間新聞？

這就要回到 6 個月前了。

當時我有在北美台灣工程師協會擔任義工，他們正好舉辦一個小型的新創簡報活動，想起了我的新創公司，當時我的公司連名字都沒有，只是個點子，活動前一週，我給公司臨時取了個名字，隨意做了個 logo，硬著頭皮參加。

活動內容是幾個新創團隊簡報後由創投講評，因此我也幫忙邀請了一個在當創投的朋友，沒想到活動當天，我公司簡報後他毫不給面子，在直播活動上大肆批評了一番，「這點子實在太蠢了。」他說。

雖然出師不利，但因為簡報活動，公司的第一個簡報和暫定的名字也因此做出來了。不久後，就是世界創業圈最具代表性的展會 TechCrunch Disrupt 了，大家都知道人脈對新創來說很重要，而參加展會是認識人的好機會，但對還在草創中的新創來說，怎麼可能會有錢參加展會呢？

我聽說有個非營利組織有提供新創展會門票，我於是靠著北美台灣工程師協會的露出和經驗申請，上了！但我發現，一家新創公司只有 3 張門票，但公司當時正在做研究調

查，有好幾名實習生，我很希望可以多拿幾張門票讓實習生參加，我們好多訪問一些人做顧客調查。

我於是聯繫非營利組織，問他們是否能多給我幾張門票，我可以幫忙他們免費做宣傳、文書等工作，他們說好。

活動 3 天，我帶著幾個實習生，訪問了數百個與會者，其中也認識了幾個採訪展會的記者。

公司試營運開始的時候，我寫了新聞稿給這些記者，沒有人理我。我試著再度聯繫，其中，時尚產業媒體 WWD 的記者回我了。

「我不覺得這有新聞性。」記者狠狠地回了一句話在信裡。又過了一個多月，沒想到，WWD 記者寫信給我：「我同事剛好在做一個男性服裝租賃訂閱服務，有興趣採訪你們！」

天啊！世界最大的時尚產業媒體 WWD ！如果能見報就有機會吸引更多時尚品牌跟我們合作了。我趕緊回信給記者，過了 3 天，沒人回我。

週六早上，我鼓起勇氣照著信上的簽名檔，傳簡訊給記者。記者回我了！但他說 2 天內要採訪完成，我開始列下長達 10 幾頁的準備，請同事找出了記者過去 2 年所有的 83 篇報導，每篇歸納關鍵字，我讀了每篇報導的第一段，研究了關鍵字，寫下所有可能被問到的問題和答案，找了 2 個當過記者的朋友逐一練習、修改。

採訪是在週一清晨，我早早起來整理，緊張地回答。感覺都還蠻順利的！記者說 2 天後就會登了。

　　到了記者說新聞會登的那天，我翻了翻網站，每頁都細讀了，沒有登。我傳簡訊問記者，他說被其他新聞擠掉了。

　　又過了 2 週，沒登。再過了 2 週，又沒登。每 2 週我就會問一下記者，也跟他說我們最新的狀況。但，他不知道「什麼時候」會見報，應該說，「會不會」見報。

　　我們參加了芝加哥大學校友創業比賽，贏得了美西冠軍，連續一週每天只睡幾小時的我，比賽結束當天，同事們都在休息慶祝，我則是忙著寫新聞稿。我想，這是一個可能的新聞點！我又聯繫了那些展會聯繫上的記者，還是沒有人回。我發現其中有些中文媒體，我於是寫了中文新聞稿，我想，即使記者願意登，應該也沒時間採訪我們吧！也就是說，我應該把所有的照片也都準備好。

　　當時公司還沒有幾個客人，很多也在美國各地、不在矽谷。我當年在 eBay 的實習生 Demi，義氣十足地幫我找了攝影師朋友 Jabbar、找了另一個家裡漂亮的朋友，我帶著超不愛上鏡頭的男友矽谷吉姆，連同其他幾個充當模特兒的朋友，全是義務幫忙的陌生人，大家就拍了照。

　　接著請政大學長幫忙介紹記者，附上寫好的新聞和照片後，真的登了！

　　我接著又把「給華人看的中文新聞」轉給另一個給「給華人看的英文新聞」媒體，果然登了。

　　我聯繫了比賽的主辦單位芝加哥大學，我想主辦單位應該會高興我們有幫比賽得到露出吧，學校肯定平常有聯繫的媒體，如果可以宣傳比賽順便提到我們就太好了。

但無消無息。

比賽前一週，我打算再發一次新聞稿，我的公關顧問說：「應該不會有人登吧！如果贏了才會有人登的。」

我雖然覺得有道理，但還是倔強地說：「如果贏了就會有人自己來報導了，我們就是要把握每一個可能。」（後來回頭想還好有拚一把，因為後來比賽輸了。）

於是我們寫了新聞稿，拿著「給華人看的英文新聞」媒體露出，證明這間新創公司不是阿貓阿狗。

另外因為是芝加哥大學的比賽，我擬定策略主打芝加哥地區的媒體。也大膽地在新聞稿中特別帶到我是西北大學的老師，暗示「西北的老師可能贏了芝加哥大學的比賽」。芝加哥大學和西北大學，是美國中西部大芝加哥地區兩大名校，可以說是激烈的競爭對手。

發了新聞稿，沒人回。再次聯繫，ABC 新聞竟然答應要採訪了！而且是午間新聞連線直播！

我嚇死了，但有誰可以幫我準備呢？

我想學校應該會希望我採訪時幫他們說些好話吧！我趕緊聯繫兩間學校，果然西北大學立刻跟我開會幫我做練習。

「我很期待比賽，也深愛兩間學校！」我帶著笑容在新聞上說。其實我當時全身發抖、嚇得要死啊！

拿著 ABC 新聞的曝光，我回頭聯繫 WWD 的記者，2天後，他說長官答應刊登了。

不久後，WWD 的新聞出來了，在加拿大的服裝品牌 [REESEDELUCA] 立刻寫信給我們，希望能合作。

靠著義務在工程社團幫忙，我得到新創簡報機會。靠著在社團新創簡報的機會和義務幫忙宣傳的付出，我得到了展會的門票。靠著展會的門票，我認識了時尚媒體 WWD 的記者，和做了消費者研究調查。靠著消費者研究調查，我們籌備並開放了試營運。靠著試營運，我們贏得了創業比賽的區冠軍。靠著粉專義務諮詢的粉絲，我有了模特兒照。靠著模特兒照和區冠軍新聞稿，我登上了給華人看的中文媒體。靠著給華人看的中文媒體，我登上了給華人看的英文媒體。靠著多年義務在西北大學客座教課，我得到了講師的機會。靠著給華人看的英文媒體、區冠軍新聞稿和西北大學講師的身分，我得到了 ABC 新聞採訪。靠著多年義務在西北大學的公關單位訓練，我在 ABC 新聞採訪表現亮眼。靠著亮眼的 ABC 新聞，我上了時尚媒體 WWD。靠著時尚媒體 WWD 的曝光，我得到第一個陌生開發的服裝設計師合作。

你可能會以為，「哇，這麼精密地規畫！」其實也沒有，很多事情當下也不一定是有目的性的，只是覺得多接觸、多幫忙，以後想到有機會就拿出來用，資源真的比你想像的更多！

日前我跟學習平台「大人學」的創辦人姚詩豪開講座時，他說人生很多時候跟滾石頭一樣，大家很想被高高拋起，一下子就被丟得又高又遠，到河的對岸去，只可惜我們都知道，一步登天不可能；但其實，只要能夠一次滾一面，不停向前，一轉頭，就會發現自己已經滾得很遠了。

不要再躺在床上滾了，快來滾一下你的人生石頭吧！

什麼時間做什麼事，真的沒有這麼重要啊！

很多人很愛傳那種「30 歲前一定要做的事」「40 歲還沒有 .... 就太晚了」的文章，我完全不看這種文章，不是因為自命清高，而是要說我不會被這種文章影響是騙人的，我看了就會壓力太大睡不著啊！

這個社會也不自覺地常鼓勵這樣的文化，像是「30 歲以下精英榜」「40 歲以下十大傑出青年」，我就兩個獎都得過和入圍過，也常常拿來放在履歷上表示自己很棒。我出去演講的時候，聽眾常會提出的問題是：「妳覺得我○○歲了還可以做什麼嗎？」更多人問：「妳覺得女人年紀越來越大後，面對職場，要有什麼樣的心態調整？」

我剛開始創業的時候，在美國頂尖加速器 500 Global（原 500 Startups）教課，當看著自己輔導的 22 歲女性的公司才創業 1 年就被估值千萬美元，就覺得自己好爛，心想：「人家才 22 歲就這麼強，我都已經工作這麼多年了，公司還不如人家！」

有一天，她急得像熱鍋上的螞蟻跑來問我：「老師，有個答應要簽約的網紅一直沒送合約來，我馬上要上台簡報了，該怎麼辦才好？」頓時我才發現，當遇到突發狀況，有經驗就完全不同，對我來說簡單的危機處理，對她來說可是從來沒遇過的狀況呢！

我在美國逐漸學到的是，很多年紀超大的美國人都還在工作，唐・舒茲辭世前正在寫第 29 本書，而且還在教課！

美國職棒傳奇轉播員文・史考利（Vince Scully）一直到 88 歲才退休。

人生很長，30 歲時若擔心砍掉重練，試想一下假設能活到 80 歲，那如果不改變，接下來的 50 年你真的想一直做自己不喜歡的事情嗎？我想到就覺得很可怕。好啦！你要是真的做完了「30 歲前一定要做的事」，啊然後勒？你就要死了嗎？不是這樣說，對吧？所以，什麼時間做什麼事，真的沒有這麼重要啊！我覺得沒有什麼幾歲就要做什麼事、幾歲才能做什麼事、幾歲不能做什麼事，當然，人生不同階段，根據你當時的狀態、心境、目標，做同一件事情的方法或許不同。

就好像上述那位 22 歲的創業家就決定「創業旅行」：每 3 個月飛到一個國家，跟當地的創業家共租一個民宿，在那工作順便交朋友，她懂年輕世代消費者的心理，不旅行的時候可以跟爸媽住一起省房租，可以天天熬夜，也有剛畢業同學的人脈。和她相較之下，我有豐富的工作經驗，擁有高階主管的人脈，我沒辦法用大學生那樣衝撞拚命的方式創業，我也不夠了解 Z 世代的消費者，但可以用有策略的方式，以及豐富的人脈打天下。

你一定有比別人強的地方，或許是你的興趣、背景、年齡、性別、家庭、個性。每個人都是獨特的，找出自己的亮點，你真正比較的是現在的你，比現在的你更好就對了！

對自己誠實

　　你可能以為職涯有迷惘的人都是學生或 2、30 歲的人，其實不同階段有各自的迷惘，我創業前參加了西北大學的研究所在台灣的同學聚會，10 幾個同學裡頭，有將近一半都在「迷惘中」，原來大家都工作 10 多年了，覺得有些倦怠，想要再出發，但還沒想好要做些什麼。我在創業前，也是這樣的感受。我已經工作 10 多年的朋友以前一直都是當下很夯的數據分析師，但近年她發現自己在做的事情類似產品經理，想要轉去當產品經理，但每次面試，對方通常會先問一堆「妳真的是產品經理嗎？」的問題，搞得她很挫折。

　　她見到我的時候，有些激動地跟我說自己的「數據分析師」工作其實是「產品經理」，看似要展現自己很有信心，但我一聽就會覺得她正是因為沒信心，才要一直解釋。越描越黑，我都可以感受到她的不安。

　　我建議她，誠實面對自己，這樣就能讓自己安定下來，再找到自己的長才，走出去。「對，我過去的經歷職稱都不是產品經理，雖然我這幾年做的工作其實非常類似產品經理，但我知道相較於其他多年來一直做產品經理的人，我在這個領域確實還有很多需要學習的。」我想，這是對她現況比較客觀和真實的描述。

　　「但是，產品經理需要很多不同的技能，包括數據分析、A/B 測試，不少產品的主要功能也是行銷、吸引新的用戶，還有使用成長駭客的技能，而我是這方面的專家，而

且在電商、零售、消費者產品領域工作多年，對這些領域懂得很多，因此我絕對能夠勝任跟這些領域相關的產品經理工作。」這樣的描述，也非常合理。

我甚至推薦給她一個資深產品經理的工作，我真心覺得，雖然她在產品經理的工作經驗上不夠豐富，但當一個主管需要的技能很多，未必要專精每個屬下都會做的事，專業領域只要懂得夠多，能在傾聽團隊意見後做出最好的決定就可以了。最重要的，反而是領導能力要能讓屬下發揮最大的影響力。你想，公司大老闆管這麼多人，也不可能比剛畢業的工程師會刷題、比行銷會寫文案、比法務懂法律啊！

這不只是我要她對面試官說的話，也是建議她跟自己說的話。你要能夠說服自己，才能說服別人。不久後，她真的得到了產品經理的工作。

誠實面對自己的弱點，但知道弱點的另一面就是自己有不同經驗的長處，找到適合的職位，就對啦！

你怎麼知道？

美國西北大學學生到矽谷參訪一週，我這個過度認真的老師就帶他們到處拜訪，一週就拜訪了 30 多個人，每天到家我都覺得累翻了。最後一天的參訪，我一心想幫大家印出過去幾天的照片，做成月曆。那天的行程是帶大家去坐船。

前一晚我的課程結束到家時已經晚上 11 點，這時才開始挑照片做月曆，訂了清晨到便利商店取件。隔天一早到了

住家附近的超商，發現竟然還沒印好，眼看船就要開走了，我得趕快起身到舊金山市區的登船區。一旁我男友吉姆已經不耐煩地說：「那就算了啦！反正這也不是妳分內的事情，也沒人期待下課還收到禮物。」

我把吉姆的話當成耳邊風，繼續問店員：「那如果你幫我把訂單轉到舊金山其他分店呢？」接著店員打電話到分店確認，得知其中一家分店沒有足夠的材料，又打了另外一家，結果它的材料只夠一半的學生數……吉姆在一旁直說：「不行就是不行啦！」我依然在慌亂中跟店員喬了喬。

下午學生坐船行程結束後，我帶著他們坐車，趕到機場的路上就請司機暫停超商，領了月曆，發給大家，送他們離去。月曆是一人一本，內容是前幾天熱騰騰的照片，加上每頁鼓勵大家的話。學生都驚呼說：「哇！這是太棒的禮物了！」熱情的美國學生上前擁抱我，像是每個人都捨不得舊金山一樣。晚上回到家，我把月曆放在桌上，吉姆驚訝地說：「我覺得妳真的『耳朵很硬』，跟妳說不行，妳就是不聽，硬要覺得『一定可以』。妳大概真的是因為這種不放棄機會、不怕麻煩、不相信不行非得試的個性，才能闖出如今的名堂。」我聽不出來他是佩服還是無奈，但我自己覺得很得意。

這讓我想起美國電玩《吉他英雄》的創辦人兄弟黃中凱（Kai Huang）和黃中彥（Charles Huang）的故事。我的新創被選上了美國專門幫助台灣裔創業家的加速器 SPARK Accel，Charles 來教課，我問他新手創業家要注意的事情，

原以為他會說我們這些新手菜鳥跟連續創業家比起來不懂哪些事情，沒想到他說他們兩兄弟創辦《吉他英雄》時，聯繫了世界最大零售集團之一 Walmart，沒想到 Walmart 答應上架他們的商品，事後他們才知道，原來行規裡有 Walmart 不收只有單一商品的廠商，因此只有單一商品的廠商都會直接跳過 Walmart，根本不會去跟它提案。沒想到，因為菜鳥不知道的行規，反而讓他們拿下了美國最大的通路。

所以，很多事，你沒做，根本不會知道會怎樣。對，以前的人做過行不通，但是時空不同、人不同，以前是以前、現在是現在、你不是別人。問別人的經驗很棒，但有時候，可能也要任性一下大膽試試看！

這次再出發，你有了之前的經驗、過去的失敗、心情的轉換，絕不是「砍掉重練」，你也有了書裡的溝通能力、因應衝突的能力，懂得和團隊合作，也有了簡報力能夠清楚表達自己的想法，能夠向上管理得到上司的支持和方向，也能帶領團隊實際產出，你知道如何不怕手髒、不怕失敗，也能了解顧客、用策略找出方向，做出顧客要的產品、行銷產品，並用數據作為決策的依據。

這一次再出發，你為的不是別人的期待、不是趕社會的潮流、不只是為了錢，你是為了自己的興趣、夢想、願景、好奇、好勝心，為自己再勇敢一次。

謝詞

　　做書是一件勞心勞力的事情，特別當你遇上愛拖稿、忙到爆、經常忘記自己寫到哪的創業家作者（我）。我常跟其他作者切磋，大部分的人都是自己寫好了書，編輯整理一下就送印了，但這次跟先覺合作，他們把書看完後，決定以「硬實力」為主題，幫我把每個章節的內容與硬實力相關的挑出來，重組大改了整本書，並請我補充跟新主題相關的章節，你知道這是一個多浩大的工程？這顯示了他們的專業和用心，謝謝先覺的團隊淑鈴、宛蓁、蕙婷、惟儂、禹伶等，我對他們的佩服和尊敬絕不是一句「謝謝」足夠表達的。我也要謝謝我的閨蜜兼經紀人瓊瑩，因為她才有書的誕生。

　　創業從0到1，受到太多人的幫助，謝謝你們：我工作遇到瓶頸、猶豫要不要創業時，鼓勵我的同事「半路出家軟體工程師在矽谷」Brian Hsu、Mohamed Eldawy，新創圈前輩Kai Huang、Samantha Chien、Nilesh Trivedi的鼓勵，創業夥伴Phoebe Tan。幫助新創Taelor的柯承遠、王霈昀、魏廷蓉、黃郁文、賴禹安、徐詩婷、謝宛君、林璇、Alena Le Blanc、Cecillia Liu、Joseph Chen、Videep Rajendiran、Lucinda Huang、王叢、Amber Cher、Edrece Stansberry、賴竣庭。新創導師Siqi Chen、Patrick Lee、Dave McClure、Ketan Kothari、Leonard Lee、Aaron Blumenthal、Clayton Bryan、Thomas Jeng、張瑞砡、詹益鑑、戴志成、Emil Chang、Charles Huang。新創加速器及相關單位僑委會、國發會、科技部、亞洲·矽谷、Taiwan Tech Arena、Startup Island Taiwan、資策會、經濟部、工研院、TCA、500 Global、Draper University、SPARK Accel、Plug and Play、台灣商會。支持新創的社團好友：北美台灣工程師協會、中國工程師協會、芝加哥大學台灣校友會、西北大學台灣校友會、Rex Chen、陳柏達、廖健閎、矽谷月老、林茗歆、曾宜年、創業小聚、數位時代、Intobenefits。創業家Jackie Lee、Austin Hwang、Kari Wu、湯智為。投資人Ben Ling、吳翰杰、范雲翔、Golden Seeds、Chicago Early、黃冠華、Don Carley、世界台灣商會、黃立嘉、Raymond、Ram Shivakumar、Andrew Melnychuk、唐旭忠、趙辛哲等。

　　當然還有我在台灣的爸媽、弟弟、阿姨、玉蘭家族、春安家族，聽我吐苦水的男友矽谷吉姆，好友Peilun Tsai、陳東瑩、安琪、路克、小黑、小管、五人幫。也謝謝西北大學教授Frank Mulhern、Vijay Viswanathan、Birju Shah、Jacqueline Babb、Kathleen Louise Lee、Rich Gordon。

國家圖書館出版品預行編目資料

為自己再勇敢一次：矽谷阿雅的職場不死鳥蛻變心法／鄭雅慈著. -- 初版.
-- 臺北市：先覺出版股份有限公司, 2022.07
　　368 面；14.8×20.8公分 --（商戰系列；225）

　　ISBN 978-986-134-424-9（平裝）
　　1.CST：職場成功法　2.CST：自我實現
494.35　　　　　　　　　　　　　　　　　　111007633

www.booklife.com.tw　　　　　　　　　reader@mail.eurasian.com.tw

商戰 225

為自己再勇敢一次：矽谷阿雅的職場不死鳥蛻變心法

作　　者／鄭雅慈
發 行 人／簡志忠
出 版 者／先覺出版股份有限公司
地　　址／臺北市南京東路四段50號6樓之1
電　　話／（02）2579-6600 · 2579-8800 · 2570-3939
傳　　真／（02）2579-0338 · 2577-3220 · 2570-3636
總 編 輯／陳秋月
資深主編／李宛蓁
專案企畫／沈蕙婷
責任編輯／林淑鈴
校　　對／鄭雅慈 · 李宛蓁 · 林淑鈴
美術編輯／蔡惠如
行銷企畫／陳禹伶 · 黃惟儂
印務統籌／劉鳳剛 · 高榮祥
監　　印／高榮祥
排　　版／莊寶鈴
經 銷 商／叩應股份有限公司
郵撥帳號／ 18707239
法律顧問／圓神出版事業機構法律顧問　蕭雄淋律師
印　　刷／祥峰印刷廠
2022 年 7 月　初版
2023 年 3 月　3 刷

定價 410 元　　　　ISBN 978-986-134-424-9